贰阅 | 阅爱·阅美好
ERYUE

让阅读走心

让阅历丰盛

隐秘的人格

人格怎样决定命运

曾奇峰 著

北京联合出版公司
Beijing United Publishing Co.,Ltd.

图书在版编目（CIP）数据

隐秘的人格：人格怎样决定命运 / 曾奇峰著 . —
北京：北京联合出版公司, 2022.7（2022.10 重印）
（精神分析入门 65 讲）
ISBN 978-7-5596-6057-2

Ⅰ.①隐… Ⅱ.①曾… Ⅲ.①人格—通俗读物 Ⅳ.
① B 825-49

中国版本图书馆 CIP 数据核字（2022）第 046726 号

隐秘的人格：人格怎样决定命运

作　　者：曾奇峰
出 品 人：赵红仕
选题策划：北京时代光华图书有限公司
责任编辑：徐　樟
特约编辑：李艳玲
封面设计：新艺书文化
版式设计：冉　冉

北京联合出版公司出版
（北京市西城区德外大街 83 号楼 9 层　100088）
北京时代光华图书有限公司发行
文畅阁印刷有限公司印刷　　新华书店经销
字数 209 千字　　880 毫米 × 1230 毫米　　1/32　　11.5 印张
2022 年 7 月第 1 版　　2022 年 10 月第 2 次印刷
ISBN 978-7-5596-6057-2
定价：88.00 元

Contents | **目录**

第1讲

什么是精神分析

曾氏语录：

· 学精神分析不仅要用脑子，而且要用身体。

· 精神分析是人格理论、探索工具、治疗方法。

精神分析是什么

说到精神分析，很多人会觉得精神分析是个很庞大的体系，其实，用三句话就可以把精神分析说清楚。

第一句话：精神分析是这样一门学问，它研究一个人在早年与父母的关系中怎样形成他的人格，以及这种人格对他成年后的生活有什么影响。这就是所谓的"移情"，一个人从父母那里"移"了什么样的"情"到自己身上，"移"来的"情"又是如何影响他的。

第二句话：在两个人的关系中，一个人对另一个人的态度，部分是由这个人教会的。比如，我如果见到一个人觉得紧张，这种紧张有一部分是对方传递给我的。从这个意义上来说，我们可以利用自己跟其他人在一起的感受，来了解他们对我们做了什么，以及他们人际交往的模式是什么。这个时候我们的感受就是所谓的"反移情"，这也是精神分析研究的内容。

第三句话：我们每一个人从出生开始，就需要学会很多自我保护的机制。在这样一个冷暖不定，大自然随时对我们有敌意的世界上，如果没有自我保护的机制，就很难活下去。我们的课堂中有这么多人，证明我们这些人在过去的若干年中，都使用了有效的保护机制。那些不能够很好地在心理上保护自己的人，很可能已经到另一个世界去了。精神分析研究的主要内容之一，就是如何保护自己。这就是所谓的"防御机制"。

弗洛伊德及相关人物和观点

我们先来说西格蒙德·弗洛伊德（Sigmund Freud），他是精神分析的创始人，也是精神分析的"初学者"。他逝世于1939年9月，这之后精神分析的发展，他都不知道。

弗洛伊德最主要的贡献，是从心理动力学角度定义了一个人为什么活着。换句话说，一个人活着从事各种活动的动力是什么。我相信，这是每一个人都需要思考的问题。研究我们为什么活着，简单来说，就好比研究一部车使用什么样的燃料在路上行驶。

弗洛伊德对这个问题的回答是，人活着的动力来自力比多（性驱力）的满足需要，以及攻击驱力的需要。

很多人对精神分析的误解就来自弗洛伊德说的这两种驱力。实际上，如果我们深入考察人性就会发现，人除了这两种需要几乎没有别的需要了。从弗洛伊德的这个理论诞生以来，人们在谈到任何关于人性的部分时，如果最终不能落到力比多和攻击驱力上，就算不上深刻。这也是这个理论能在很短时间内就征服全世界的原因。

从这个角度来说，弗洛伊德不配被称为是一位心理学家，因为他的生物学倾向非常强烈。他的力比多和攻击驱力的理论，仅仅说了人作为生物学存在的部分。这个理论如果用在猫、狗身上也说得过去。

弗洛伊德在世的时候，他的一些学生因为他的内驱力理论而跟他分道扬镳，比如卡尔·荣格（Carl Gustav Jung）。所谓的现代精神分析，就是在反对弗洛伊德内驱力理论的背景下出现的，最著名的代表人物有卡伦·霍妮（Karen Horney）、艾里希·弗洛姆（Erich Fromm），还有哈里·沙利文（Harry Stack

003

Sullivan）。沙利文最主要的贡献是把精神分析社会化。但是，他们的革命不太彻底。

经典精神分析和现代精神分析真正的分水岭是梅兰妮·克莱因（Melanie Klein）。她出生在维也纳，在柏林接受过精神分析培训，1926 年到了英国，后来她发展出了现代精神分析的客体关系理论。如果有人问我的精神分析取向是什么，我会毫不犹豫地说：我属于现代客体关系理论这个学派的。

经典精神分析和现代精神分析的区别在于 ——

弗洛伊德认为，人活着的动力来自两种内驱力，即性驱力和攻击驱力，人活着就是要满足这些需要。别人的存在，仅仅是为了满足我们力比多或攻击性的投注而已。而克莱因和她的弟子们则认为，人活着是为了满足关系的需要。克莱因的理论直接使精神分析真正变成所谓的心理学。

力比多和攻击驱力

力比多和攻击性既是活着的原因，也是活着的动力。我们之所以活着，是因为我们有这样的动力。我们活着的时候需要做各种各样的事情，我们的能量就来自力比多和攻击性的投注。

力比多是性驱力，它跟繁殖相联系。一个物种繁殖的前提是它必须活着。为了活着，它必须抵御一切，必须有力量来反击威胁它活着的外部力量。

一切跟创造愉快、经历温暖相关的，本质上都跟力比多有关。一切关于竞争、追求卓越、伤害他人、破坏社会的，都跟攻击驱力的满足有关。如果抛开克莱因的客体关系理论，在弗洛伊德的内驱力的框架中，我们也可以解释这一切。

精神分析是进化心理学吗

进化心理学需要在一个非常漫长的时期内考察分析。就像我在武汉有一个朋友，他是地质学博士。在他的研究框架中，是以百万年为计算单位的，因为地质的形成需要很长时间。

进化心理学的确能够帮助我们非常深刻地理解人性，但是从治疗的角度来说，它几乎没有什么意义，因为它的考察期太漫长。

每一个人类个体，从出生到死亡，往往只有几十年的时间，进化心理学对他们也许没有什么意义。而精神分析的研究范围就窄得多，它是在进化心理学的基础上来考察每个个体的出生与死亡、生长与枯萎、疾病与健康、自我攻击或是对外攻击等。

内驱力理论与客体关系理论的关系

有人曾问过我，克莱因的客体关系理论，是建立在力比多之上，还是否定了力比多的攻击性？

现在的精神分析理论家，都倾向于整合克莱因的客体关系理论和弗洛伊德的内驱力理论。也就是说，从人的生物学的角度来说，我们可以用弗洛伊德的两种驱力来解释；从人的社会化的角度来说，我们可以用克莱因的客体关系理论来解释。这两种理论不是前后递进的关系，而是平行的关系。我们在考察一个人的时候，不分前和后，而应该是整体的。

还有一种更加简洁的说法——人活着是为了寻求关系。也就是说，力比多和攻击性的指向都是关系，从这个角度来说，它们整合了。

精神分析可以用来做什么

了解人性

人类社会发展到目前，有几个人为人类了解人性做出了杰出的贡献。

第一个是弗洛伊德，他从生物学的角度，让我们知道了人性是什么。

第二个是克莱因，她从关系的角度，说明了人性是什么。

第三个是马克思，他从人与人之间经济关系学的角度，让我们知道了人性是什么。

还有一个是弗洛姆，他是现代精神分析的代表人物，一辈子只做了一件事，就是把弗洛伊德的理论和马克思主义理论结合。他被称为马克思弗洛伊德主义者。不过现在我们已经很少提到这个学派了。

了解他人与帮助他人

我们对人性已经有了一定的了解，就可以顺着这个轨迹给他人提供帮助。比如，一个人早年跟父母的关系有问题，出现了各种各样的心理疾病，现在通过精神分析，我们知道了应该怎样帮助他。

了解怎么养育孩子

对我个人来说，我最看重的精神分析的价值就是它是一门育儿学。通过精神分析，父母知道如何和孩子打交道，可以让孩子变得更健康。

了解如何鉴赏人格

精神分析也是一门人格鉴赏学，它教我们怎样鉴赏一个人的人格。举个例子，我最近去买玉，我想提前做一些有关玉的知识的准备。在网上一搜，水太深了，我可能要花上几十年来了解玉这个行业，或者玉的鉴赏到底需要哪些功夫。一小块石头都需要我们用如此之多的精力和时间去了解，而比它更加丰富的人性，我们可能需要更多的精力和时间。

我个人觉得，老天对人是不公平的，它给我们的时间不够我们了解自己到底是怎么回事，不管是从生物学的角度，还是从心理学的角度。不过好在我们活在 21 世纪初叶，在这之前已经有无数勇敢和有智慧的人，为我们更多地了解人性做了一些准备工作。

我们需要做的主要有两点：一是站在巨人的肩膀上，了解他们为我们留下了什么遗产；二是我们自己也要保留探索的好奇心和能量。

精神分析的特点

与其他学派相比，精神分析主要有两个特点。

决定论的哲学观点

精神分析的第一个特点是决定论的哲学观点。

这跟佛教是一模一样的。佛教的决定论，就是我这一辈子是什么样子的，跟上辈子做了什么（即"业力"），有很大的关系；甚至我下辈子是什么样子，都是由我这辈子做了什么决定的。佛教讲因果轮回，精神分析也涉及因果之间的关系 —— 因为有小时候的那些事情，所以才有现在的种种。精神分析至少有两个术语是在说因果联系，一个是"移情"，还有一个是"强迫性重复"。

把意识分为三个层面

精神分析的第二个特点是把意识分成不同层面——意识、前意识、潜意识。

只有精神分析研究潜意识，其他学派都不会研究潜意识。潜意识、前意识和意识之间没有绝对的分界线，它们是一个连续体，彼此之间可以相互转化和演变。

意识（Consciousness），是我们能感觉到的部分。这很好理解。

前意识（Preconsciousness），是我们稍微自我觉察就能感觉到的部分。比如我们每一分钟都在呼吸，如果我们没有关注当下的呼吸状态，就不会觉得我们需要呼吸。精神分析很少谈到前意识。

潜意识（Unconsciousness），是不能通过稍微觉察就知道的，需要在精神分析师的帮助下才能够觉察到的更深的部分。潜意识是精神分析中谈得最多的。

很多人认为，潜意识并不存在。比如，有人会说我今天早上要几点钟起床，是我的意识决定把闹钟定在几点，归自己决定。在意识的状态下去吃早餐，然后工作，做什么，这都是意识在起作用。实际上不是这样的，我们之所以是现在这种状态，很多时候是由我们的潜意识决定的。有人曾经认为，潜意识的数量是意识数量的三万倍，这不一定科学。就目前来看，虽然意识和潜意识的数量没有办法测量，但我们都知道潜意识的数量很庞大。

可以这样说，一个人没有意识到的一些行为，仍然是他的行为。即使没有意识到这个意识，他仍然会有行为，那么他的所有行为，超过他意识的部分，或者说他意识不到的部分，都可以视为潜意识。

佛教里有一个概念，跟精神分析里的潜意识是完全相等的，叫作"不自觉"。比如，我不自觉地舔了一下嘴唇，我不自觉地把事业搞砸了，或者我不自觉地破坏了某一段关系，这些都是由潜意识决定的。那么，潜意识又是由什么决定的？它就是由早年的关系决定的。

关于潜意识对一个人的影响，我们可以举很多例子。比如，我嫂子在美国待了20年，英语挺棒的，一个移民局的朋友跟她说，你英语不管流利到什么程度，都不一定表示你学得好。只有一个标准表示你学得好，就是你用英语做梦，这样才能证明英语已经渗透到你的潜意识水平了。

再如，我们学骑自行车，如果用意识来控制我们的手或脚，表示肯定没学好；如果已经不需要动脑筋，就可以把自行车骑得很稳，表示我们不仅学好了，还熟练到潜意识层面了。而且一旦到潜意识层面，一辈子都不会忘记。一个人曾经不用动脑子就能够骑自行车，哪怕十年没有骑，他一骑上自行车感觉马上就会回来。

这就是我们常说的熟能生巧，熟到不用动脑子就会，熟到潜意识里面了。

熟能生巧，如果换成精神分析的语言来表述，就是我们反复地做事情，因熟练上升到潜意识，然后由潜意识支配完成。那种状态就到了艺术的境界、巧妙的境界。

同样，如果我们用动脑筋的方式跟别人打交道，那动的脑筋也只能决定我们行为的某一部分，而且是非常少的一部分。而我们是怎样活着的，以及我们是如何跟他人打交道的绝大部分方式，是由我们的潜意识决定的。

小结

三句话概括精神分析的研究内容：

· 一个人在早年与父母的关系中怎样形成他的人格，以及这种人格对他成年后的生活有什么影响——移情。

· 在两个人的关系中，一个人对另一个人的态度，部分是由这个人教会的——反移情。

· 在成长过程中，每个人都会形成一套属于自己的自我保护系统——自我防御机制。

第 2 讲

核心人格的形成

曾氏语录：

· 精神分析是研究关系的学问，研究的对象是爱、恨、情、仇，如果说它
不是科学，那么它一定高于科学。

· 一切记忆都会寻求表达，哪怕是被深埋、被压抑的。

早年和父母的关系对人格的影响

一位男士，曾经在很多企业工作过，每次离职都是因为和老板吵架。他经常为了员工的利益或者为了公平，指责老板。每次指责老板，他都表现出很强的攻击性，违背公司里的层级关系。但他始终不知道自己为什么会这样做。

后来有一次，他参加了自我分析的团体治疗培训课程，突然悟到了他这么做的原因。在男孩子成长的过程中，打架是难

以避免的，而他的个子较小，打不过别人。如果他想在一群小朋友当中有地位的话，他就必须拿出勇气打赢。当他表现出不要命的样子时，别人就会害怕。这让小小的他学会了用愤怒和不要命的行为，让自己在环境中站住脚，并有一定的地位。

长大后，这位男士与别人打交道，特别是在公司工作时，经常感到受委屈甚至被欺负。他认为现在发生的一切，都和童年的经历有关，于是用早年的经历来解释后面发生的事情——在小朋友当中，他处在弱者的地位，要反抗别人的欺压，就必须让自己变得很强大，必须表现出愤怒，必须表现出不顾一切的状态。当他意识到这一点以后，他认为自己找到了攻击老板的原因。

其实从精神分析的角度，可以更深刻地看到，这位男士对单位领导的攻击，实际上是他跟父亲的关系在其生活中的翻版。在跟领导和权威的关系中，我们有两种方式接近他们：一种是跟他们亲近，比如对他们"阿谀奉承""拍马屁"等；另一种是用攻击的方式亲近他们。

这位男士的父母在他3岁前离婚，他对父亲很愤怒，虽然他说这段经历他已经没有记忆了。但是，3岁前没有意识层面的记忆，不表示没有潜意识层面的记忆。

一个人跟父母早年的关系，可以解释其长大后与权威的关系。父母离婚，他因此对父亲有很多愤怒，这种愤怒有可能转移到单位领导身上，演变成不断地攻击单位领导。而他早年与小朋友的关系，从精神分析角度看，那时他已经长大不少了，大到这样的关系对他的人格几乎没有什么影响。

早年，是多早？

这里需要强调的一点是，我们经常说到的"早年"，到底是什么时候。弗洛伊德认为，6岁之后没有新鲜事。我曾经认为，6岁是一个太早太早的年龄，因为好多孩子在青春期的时候，都有巨大的变化。

弗洛伊德认为，6岁是一个分水岭，这是建立在生物学的基础上的。一个人到6岁的时候，他的中枢神经系统已经发育好了，比如大脑已经发育好了。有的人说6岁前的孩子最好不要吃皮蛋，他们认为皮蛋里含铅，可能会影响中枢神经的发展。

但是，后来的精神分析的研究者，比如克莱因、海因茨·科胡特（Heinz Kohut）认为，6岁是一个太老太老的年龄，一个人的核心人格应该在前语言期就已经固定了，也就是2岁。

没过多久，又有人认为，2岁已经太老了，应该是18个月。克莱因又往前推进了一步，她认为一个人的核心人格在出生后第4到第6个月就已经确定，这是一个非常重要的整合的时间。

通过观察婴儿来理解成人

现代精神分析理论已经和弗洛伊德时代的完全不一样。弗洛伊德治疗了一些病人，就做出了庞大的理论体系。后来的精神分析师是在对数以万计甚至十万计的婴儿的观察之下得出理论的。也就是说，考察一个成年人的行为太复杂，但是所有成年人都是从婴儿来的，所以他们通过观察婴儿来理解人性。

比如一个稍微大点的婴儿，小便之后，有时会尝试用脚把小便的覆盖范围扩大。如果没人制止的话，他可能会把小便铺得非常广。

精神分析认为，一个人成年之后，让自己住更大的房子，涉猎更多的知识领域，或者像成吉思汗那样攻城略地，实际上都是小时候想把自己小便的覆盖面积扩大的翻版。从这个角度来看的话，成年人的行为与婴儿的行为本质上从来没变过。

那么，小时候想把小便的覆盖面积扩大的原因是什么？是物种本身的本能吗？

精神分析四"轮子"对人格的影响

回答上面这个问题，我们需要回到精神分析的四种驱动力——力比多、攻击性、自恋、关系。人活着，就要靠这四个"轮子"驱动。

破不了自恋的壳，易患儿童孤独症

人格，是在非常早而且非常短的时期内形成的。这是现代精神分析理论的核心之一。

克莱因把 1 岁前划分为很多阶段。比如 1 个月内，叫原始的自恋阶段，这个时候孩子处在完全没有客体的状态里，也就是一种混沌的状态，没有客体指向。这个阶段，如果孩子发育受损的话，他可能永远都出不了自恋的壳，就会形成临床上所谓的儿童孤独症。

儿童孤独症患者的数字，有逐年上升的趋势。我们发现，儿童孤独症有很多的成因。这就表示，我们很难知道它真正的成因。但是从心理动力学角度，或者从精神分析的角度来说，表现出儿童孤独症的症状，是因为早期的自恋没有打破。

关系创伤与精神病、人格障碍、神经症

按照克莱因的理论，父母育儿似乎只要关注最早期的那段时间即可，至于童年创伤，并不会对孩子的人格形成大的影响。

若是孩子早年和父母有良好的关系，形成了健康的核心人格，在以后的阶段中出现重大的心理创伤，他可以退行到早年，进行修复。但是如果青春期遇到巨大的障碍的话，还是可能患精神分裂症或者进食障碍。

人格的核心部分虽然很早就已经形成，但在日后的成长过

程当中，我们仍然有机会将其变得更加精致、高级和象征化，以适应社会生活。

有的精神分析师在工作中发现，重大的心理创伤会影响来访者的核心人格。

有位来访者5岁的时候被父亲暴打一顿，他到现在还忘不掉当时的场面。还好，他现在的表现就是5岁时的表现，没有退行到1岁以前。退行到5岁，表示他还在神经症水平，而不是人格障碍，说明这位来访者的问题不是太大。

在精神分析师眼中，这个世界上只有三类人：

·有严重的精神病的人。比如有精神分裂症或者是躁郁症。

·有人格障碍的人。这主要是前俄狄浦斯期出了问题。

·有神经症的人。这个世界上没有正常人，正常人就是神经症。

（1）神经症就是正常人。

精神分析对神经症的定义跟精神科对其的定义不一样。精神科对神经症的定义是，一定要有神经症的症状。但是精神分析对神经症的定义是，只要一个人有神经症性冲突，就表示他处在神经症的状态。我们说某一个人是神经症，几乎是在表扬这个人的人格发展很健康，在正常范畴内。

如果我们把一个有人格障碍的人治成了神经症性冲突的人，

就表示他已经好了。因为只要是一个活人，他都会有神经症性冲突。

神经症性冲突主要是俄狄浦斯冲突，包括以下三类冲突：

·生和死。

·男和女。

·对成功的渴望和害怕成功之后的惩罚。

俄狄浦斯冲突主要研究对成功的渴望，以及潜意识中对成功后可能受到的惩罚的恐惧。这可以解释为什么很多人如此渴望成功，却把生活和工作搞得一塌糊涂。因为他们潜意识在故意制造失败，他们因害怕等在成功后面的惩罚，而不敢让自己成功。

（2）人格障碍和精神分裂症的区别与联系。

从正常人（或者神经症）到人格障碍，是一个连续谱。从人格障碍到精神分裂症，也是连续谱。也就是说，它们之间相互联系，没有中断，它们之间没有清晰的界限。

在人格障碍和精神分裂症之间，其实还有另一种诊断，叫作边缘型人格障碍，是非常严重的人格障碍的表现形式。

人格障碍和精神分裂症在诊断中最大的区别是现实检验。自知力就是现实检验。现实检验，包括一个人知不知道自己病了，以及知不知道周围发生的事情的真假。

人格障碍患者，知道什么是现实，什么是幻想。比如，他可能会有一些攻击社会的行为，但是他不会出现幻觉或者妄想。但是精神分裂症患者就不一样了，他分不清楚哪些东西是想象出来的，哪些东西是真实的。所以，对人格障碍患者和精神分裂症患者犯罪的处罚也不一样。人格障碍患者，犯罪需要负全部责任；而精神分裂症患者，急性发病时犯罪是不用承担刑事责任的。

攻击性投射防御

理解自己的攻击性投射防御，有助于提升我们的安全感，以及更加真实地看待这个世界。

碰到不熟的同事，我们总需要找话题。跟陌生人打交道时，要隔着一个什么东西，才能不焦虑。比如隔着一个话题，这个话题就是一种防御。找话题，实际就是找防御的过程。也就是说，与人有比较大的距离，我们才有安全感。

从另一个角度来说，当你觉得跟一个陌生人打交道困难的时候，那是因为你处在一种缺少防御的状态，你要寻找防御。精神分析会认为你对陌生人有敌意，你怕这敌意会伤害别人，而你会遭受别人的报复，所以你需要一个话题来挡着，以免你伤到别人，或者别人伤到你。

反过来，如果你见一个非常安全的人，比如你和对方在热恋中，见面时是不需要找话题的，因为你知道你不会伤害对方，你也不会被对方伤害。如果你跟异性在一起比较困难，和同性在一起更舒服，说明你对异性有更多的敌意。

（1）不安全感：对环境和他人的敌意的投射。

很多人说自己缺乏安全感。安全感在精神分析里属于二级词汇。一级词汇是力比多、攻击性、自恋和关系。安全感，跟攻击性有关。比如我对你有敌意，我潜意识里往往感觉不到这一点，我会把它转换或投射成你对我的敌意，然后我的安全感就降低了。所以我们需要把安全感说到"尽头"——我对环境和他人的敌意的投射。我们如果给一个安全感不高的人做这样的解释，他的安全感会立即上升。

仅仅说安全感，就是没有说到最底层，而且会让别人没有感觉。我们对一个来访者说"你没有安全感，你缺乏安全感"，对他没有任何帮助；如果对他说"实际上是你潜意识中想攻击别人"，只要对方悟到这一点，他的安全感立即会提升。

举个例子，如果我们在同一个团体里，这个团体对所有人来说都是同样的，但是你的安全感和我的安全感可能完全不一样。因为如果我是一个对他人有很多敌意的人，我就会感觉到大家都在威胁我，安全感就会降低。而你如果对大家都是发自潜意识的友善，那你就会觉得环境很安全、很舒适。一个人只要安全感降低，就证明他对他人的敌意增加了，他把自己对环境的敌意，投射成环境对他的威胁。

（2）自卑：把朝向别人的攻击朝向自己。

如果来访者告诉他的治疗师他很自卑，治疗师说"我也觉得你很自卑"，这对来访者没有任何帮助。自卑，就是把应该朝向别人的攻击，朝向了自己。这就是自卑的来源。我们让来访者意识到这一点，才会对他有帮助。

力比多和攻击性的象征化

我们一生下来就具有弗洛伊德所说的两种驱力：一种是力比多，一种是攻击性。攻击性是从早年的关系中来的。也许在你和妈妈的关系中，有一些没有解决的愤怒，这些愤怒通过移情转移到其他人身上，变成持续存在的东西。

我们成长的过程，实际上就是不断地把这两种驱力象征化，并向外发展的过程。象征化，意味着我们不是直接用原始的手段来满足它们，而是用艺术形式进行升华。

比如力比多，我们除了可以用性，还可以用艺术的形式来满足。所有艺术形式都可能是力比多这种驱力的升华。

一个人如果习惯用嘴巴来满足快感的话，就会有两种形式。一种形式是，通过唠叨这种方式来虐待周围的人。这会让周围的人变得非常暴躁。这表示他还停留在口欲期，也就是弗洛伊德所说的1岁以内满足力比多需要的状态。这叫作升华不够。

另一种形式是，比如通过讲课让别人得到好处，通过唱歌让别人感到愉悦，等等。有的综艺节目就是把他们那种愉悦自己的能力变成了愉悦他人的能力。这就是升华足够的表现。

关于攻击性的升华，也是一样的。小孩表现攻击性的方式往往就是打你一巴掌。如果一个人人格发展不好，20多岁还通过打架的方式来满足他的攻击性需要，他可能会被关到监狱里。因为这个时候被允许的攻击性是象征化的表达方式，比如赚更多的钱、获取更多的知识、获得更高的官职等。这些都是攻击性象征化的结果。还有，我们要求孩子学习成绩好，可以说是让他的攻击性象征化，更明确地说是，让他以后养家糊口的手段象征化。

这种被社会允许的攻击性的表达，也同样被我们自己的超我允许。如果攻击性和力比多象征化不足，就会导致很多问题。

（1）业精于"嬉"而荒于"勤"。

学什么东西，如果学到潜意识层面，就会耗能较少，而且能达到非常高的境界。这一点可以作为所有人选择职业的一个指导。比如，如果你做了很长时间的销售，你觉得做销售是一件体力活，让自己很累，劝你换一个职业；如果你做销售做得得心应手，那你可以在这个方面好好发展。

（2）爱唠叨的父母。

我们经常会碰到一些爱唠叨的父母，他们对孩子就只有数不尽的指责。这是因为他们力比多的表达，还停留在口腔欲望期，即口欲期。他们跟世界的连接还在通过嘴巴进行，他们唠叨的本质是用语言对孩子进行"强奸"。这其中,力比多和攻击性经常是同时出现的。

(3)游戏有精神避难所的功能。

关于游戏,涉及比较复杂的问题。游戏成瘾者,完全没法对自己的生活负责,没法做自己应该做的事情,比如考大学或用另外的方式来养家糊口。他们往往在现实生活中被父母或学校过度攻击,于是把游戏当成自己精神的避难所。

从这个角度来说,游戏具有拯救孩子,让他们避免得精神病的作用。这也可以解释为什么孩子有时候要沉迷于游戏了。他们觉得难以在现实生活中活下去,只好在游戏里待着。我们只看到了孩子沉迷于游戏,但是我们没有看到孩子在现实生活中正处于危险当中。

遗传因素在人格发展中的作用

遗传是人格不可缺少的影响因素,但遗传因素对人格的作用程度因人格特征的不同而不同。人与人之间的确有很多不同,而我们关注的可能是人与人之间相同的地方。比如,我们都是人,这一点是巨大的相同。

从做心理治疗、心理咨询这个角度来说,实际上我们可以永远不谈遗传或先天,原因有以下几个方面:

第一，如果我们过多强调先天的话，可能为种族主义者提供大规模地谋杀精神病人的理由。

这绝对不是耸人听闻。多年前，我用40天的时间参观了德国的22所精神病院，很多精神病院的操场上都有纪念碑。这些纪念碑都比较简单，就是用一些石头堆砌起来的，那些石头上写着一个个的名字。这些名字就是在纳粹统治期间被杀掉的精神病人。精神病医生对纳粹统治者说精神病是由遗传导致的，先天跟我们就不一样。所以，他们为了纯洁日耳曼民族的血统，在精神病院里把精神病人一个个杀掉。这是全世界精神病医生集体的耻辱。

德国教授克劳斯·多纳（Klaus Doener）是我的首任博士导师。他晚年的时候，专门研究被纳粹统治者杀掉的那些精神病患者，有名有姓的大概有1.6万人。他因此项研究获得了德国总统颁发的铁十字勋章。这是一个德国公民在非战时能够获得的最高荣誉。

第二，如果我们告诉一个精神病人，"你这个问题是遗传导致的"，就相当于说他是因为基因不好，所以得精神病。这是对人巨大的贬低和歧视。

第三，目前，我们还无法通过科学技术知道遗传对精神病的影响到底占多大的比例。我们的确发现了精神病的家族聚集倾向，同时也发现，很多没有精神病家族史的人也得了精神分裂症。

我们目前也无法通过遗传学的手段，知道是哪一段染色体、哪一段 DNA 导致了重症精神病，所以我们同样也没有办法从遗传学角度解决这个问题。我们如果告诉一个病人是遗传的问题，又没有相应的手段来解决这个问题的话，会让这个人在今生今世对自己绝望。这是反人道的。

在诊断一个来访者是不是精神病患者的时候，我们并不需要花很多精力去探讨他的精神病家族史，只要了解他有没有精神病家族史就可以了。

这个世界有很多不同的人，其中包括有抑郁症的人、有强迫症的人等，世界因此而丰富。而且，从更大的范围来看，我们其实并不知道是精神病人更正常，还是我们更正常。

小结

- 客体关系理论主张人类行为的动力来自"对客体的寻找"，即人际关系的发展，而非弗洛伊德所说的"对快乐的寻求"。
- 俄狄浦斯冲突包括以下三类冲突：生和死、男和女、对成功的渴望和害怕成功之后的惩罚。
- 我们成长的过程，实际上就是不断地把力比多和攻击性象征化和向外发展的过程。

从精神分析谈抑郁症

曾氏语录：

· 心灵的成长，意味着孩子和父母间的距离是在扯远的。

· 越是本能的，越可靠。

抑郁症是如何形成的

抑郁症与某单一事件无关

前面提到的那位 5 岁时被父亲暴打的来访者，长大后，他被诊断为抑郁症。他到现在还能记起当时被暴打的情形。在治疗过程中，心理医生发现他明显有退行性行为，而且是退行到 5 岁时的状态。

这真的是一个很大的话题。首先，我们处理单个的创伤性事件时，在经过良好的评估后，可能需要大事化小，小事化了。也就是说，我们不会认为患者后来的事情跟单个的事件有关，而是由多因素决定的，其中最重要的因素往往是其父母的人格。

科胡特说，父母是什么人比他们做什么更重要。如果父母人格基本健康的话，即使有一件暴力性事件发生在孩子身上，也不至于对孩子的核心人格产生太大的影响。如果孩子得了抑郁症，我们更多的是要考虑他和父母的整体关系。

以前，许多被确诊为神经衰弱的人，其中有 80% 左右发展为抑郁症，另外 20% 左右发展为焦虑症或者强迫症。如今，国际上已经不使用"神经衰弱"这个词语了。

抑郁症与攻击性逆转有关

抑郁症跟攻击性的逆转是有关系的。人天然有攻击性，如果一个人的攻击性能够向外并象征化，这个人往往一辈子不会有什么大的问题。但是，如果在早年的关系中，我们的攻击性不能正常地向外转移，这种攻击性就会针对我们自己。

不妨想象一下，如果一个人一天到晚都揍自己的话，他的情绪可能会是什么样子？对于抑郁症病人，我们需要做的就是让其攻击性向外。

一个抑郁症病人参加了我的小组，我对他的状态做了分析。

他觉得我的分析对他很有帮助，他说："曾老师谢谢你，曾老师谢谢你。"

他连续说了几个"谢谢"后，我对他说："你谢谢我，让我感觉到你在攻击我，谢谢就是攻击。"他觉得很冤枉，认为那是他潜意识里的东西。

我是在吃中饭前对他这样说的，并且向他表达了好几次："你用这种方式在攻击我，把我推开了。"那天中午，他睡了一个从未有过的好觉。

在日常生活中，我们一般不会觉得"谢谢是攻击"。但在精神分析的框架里，你如果谢谢我，就相当于你把我推开了——我为你做了一件事情，而你用"谢谢"使我们两个人重新回到没有关系的状态。我说你攻击我的时候，实际上是在诱导你的攻击性指向我，不管你有没有攻击性，你都跟我产生了关系，有了连接。所以，我表达"谢谢是攻击"极大地缓解了他对内的攻击。

我反复向他表达"你用这种方式在攻击我，把我推开了"，让他睡了一个很好的午觉。这表示针对他自己的攻击缓解了，因为他的攻击性找到了一个出口，就是我。他攻击我的时候，相当于他睡午觉的时候我在陪伴他。也就是说，那天中午他在有人陪伴的情况下，而且是可以被任意攻击的人的陪伴下，完全睡着了。这个时候他是安全的，因为他的攻击性有了指向。

精神分析的主要目标是让潜意识意识化。我把"谢谢是攻击"的意思反馈给他，相当于在暗示他：我说中了你的心锚。他就会持续地处在"我在攻击对方"的状态里，那么他分配给攻击自己的能量就少了。

解决这个问题，精神分析已经从弗洛伊德那种花很多力气来建构理论转向了临床治疗，我个人现在动脑筋最多的就是如何从外面改变别人内在。我们要注意我们的表情、我们的语言、我们的想法，或者是我们的整个人格，至少是在某个场域里对他人的影响。制造改变，是真正的心理治疗努力的方向。

抑郁症病人缺乏跟他人的连接

客体关系理论的核心是，人活着是为了寻找跟他人的连接。比如，我们发微博，别人越积极回应我们，我们做得就越起劲儿。如果我们天天发微博，很长时间都没有一个人点赞，也没有一个人评论，我们可能就不想发微博了。

我们活在这个世界上，如果没有来自他人的回应，活着的价值似乎就没有了，我们就会"死"掉。鲁迅当年也说过，做一件事情有人反对是让人振奋的，有人赞扬也会推动你继续做，就怕没有反应。同样，孩子做一件事，我们反对他或者赞扬他，都会强化这个着眼点。反过来，要消除什么，忽略就可以。

抑郁失眠，缺乏稳定的客体关系

人活着要找另一个人寻求关系。前文的例子中，我没有说他攻击我时，他的力比多和攻击性都没有指向，他只能针对自己，折磨自己而睡不着。我给他稳定的关系之后，他就可以睡踏实了。可见，我们只有在有稳定的关系的时候，才能够安然入眠。

据说，德国的铁血宰相俾斯麦有两个心身问题，一个是失眠，还有一个是肥胖。肥胖的事情我们暂且不说，他的失眠是怎样治好的呢？

欧洲有一个名声不太好 —— 主要是人品上名声不太好的江湖医生，他的治疗功夫却是很厉害的。他对俾斯麦的治疗，就是在俾斯麦睡觉的时候，他坐在床边一句话不说。俾斯麦一觉醒来看到他还一语不发地在那儿坐着。连续这样做了几次之后，俾斯麦的睡觉问题竟然就解决了。

这种治疗的原理就是，俾斯麦在入睡的时候很放心，心想不管我睡得多沉，都有一个人在那里稳定地待着。在这种稳定的客体关系的情况下，他自然就睡着了。

莫名全身疼痛，和早年糟糕的关系有关

有实证研究显示，早年被父母强烈忽略的人，成年之后会

莫名其妙地全身疼痛，或者某一个部位疼痛。这种疼痛就是告诉你，好像有人在打你，表示你虚拟了一段糟糕的关系。当然，糟糕的关系比没有关系要好。

我们曾经做过调查，问了几十个学员：现在要把你送到一个荒岛上待20年，你只有两个选择，一个选择是你一个人去，另一个选择是带着你的仇人去。结果是80个人中只有一个人愿意单独去，其他人都选择带仇人去。

这就是精神分析的定律，哪怕有坏的关系都比没有关系要好。

攻击是用来掩盖亲密的

回到前面讲的攻击领导的例子。攻击领导，实际上也是让领导高兴的一种方式。从潜意识的层面来说，这也叫"拍马屁"。

曾氏名言之一：攻击是用来掩盖亲密的。我害怕和你太近，这种近可能会让我们彼此消失自我边界，所以需要攻击。这可能反映了我们早年跟父亲或母亲亲密的愿望——已经如此之近，不攻击可能边界会消失。这是潜意识层面的。

抑郁症病人一般自我边界不清晰

防御形成自我边界。古代城市的边界是由城墙决定的，城墙就是一种防御。我们国家的边界也是由防御组成的，军队在边界驻扎会有戒备和保护的作用。人格的边界是由人格的防御组成的。如果你的防御变弱，别人对你就会有很大的影响，你很可能会发展成抑郁症。

举个例子，两个人恋爱时边界是最模糊的，你中有我，我中有你，不管身体还是精神，所以恋爱时非常容易受到伤害。这也是为什么那么多关于爱情的诗歌、歌曲都充满抑郁的情绪。

假如你想念一个人感到快乐的话，你仅仅是喜欢他（她）而已。如果你想念一个人感到抑郁的话，表明你爱上他（她）了。爱，让人没有边界。

通常，患有抑郁症的人没有办法使用比较好的防御来保护自己，"风吹雨打"就容易进入他的内心世界。抑郁症病人，会因为下雨伤感自杀，或者因为完全没有防御，别人一句攻击的话，就已经直刺他的内心，然后他就自杀了。

如果我们重温一下范仲淹的《岳阳楼记》，实际上说的就是抑郁症和非抑郁症的区别。他说如果天气比较糟糕，登上岳阳楼可能有这样一种"忧谗畏讥"的感觉。也就是别人随便说什么话，都可能对我的情绪产生巨大影响。这表示自我的边界不清晰。

有一个词语叫作"宠辱不惊"，这就是完全不抑郁的状态，不管别人对我好还是坏，都跟我没关系。这就是自我边界清晰的健康状态。

抑郁是自恋的典型表现

抑郁是处在对自己的爱中，是自恋的典型表现。有的人会欣赏具有淡淡抑郁气质的人，实际上，那种人就是自恋型人格。不确定他们是否已经到了自恋型人格障碍的程度，也许他们只是自恋型神经症，抑郁的程度比较低。

抑郁症的第一个特点是从防御机制角度来讲的，具体指向外的攻击力找不到出口，所以转向自身。抑郁症的第二个特点是抑郁源于过于强大的超我。所以，最高级别的自恋是自杀，也叫恶性自恋，就是攻击性完全不能向外，只能针对自己。

自恋的人舍不得惩罚别人

超我强大的人，本来只需要对自己实施两分的惩罚，但是这个人对自己实施了十分的惩罚。为什么？因为他对自己是一种持续的自我惩罚，可以说他太瞧得起自己了，以至于给自己的惩罚比一般情况下要多。自恋本身就是攻击朝向自身，刀叉剑戟都舍不得给别人。

弗洛伊德的第一定位理论是意识、前意识、潜意识。弗洛伊德把精神分析做成所谓的"地质学"——意识、前意识、潜意识。意思是，我们要看看地底下看不见的地方有什么。所以有强烈探究欲的人比较适合搞精神分析。

他的第二定位理论是自我、本我、超我。很多精神分析师已经不再提及这些概念了，例如威尔弗雷德·比昂（Wilfred Bion）。他是非常重要的精神分析思想家。有一次在英国的一家医院里做案例讨论的时候，他带着有点鄙夷的口气说：自我、本我、超我在临床上基本没什么用。我也曾写过用自我、本我、超我分析一篇小说的文章，一个澳大利亚做心理治疗的朋友看到后说："我没想到有朋友还在提这些词汇。"我能够明显地感觉到他背后的情绪。

但是，德国的精神分析师还经常提到这些词。所以不存在谁先进谁落后，只是使用的体系不一样而已。

治疗抑郁可以借力自恋

有时候，我们可以把心理问题道德化。比如，你在治疗抑郁症病人的时候，发现他有很多自我攻击，于是你可以借用他对于自恋的羞耻来标记："你这种人实在是太自私了，不舍得揍别人，而是揍自己。刀子舍不得插在别人心脏里，全都留给自己，这也太'肥水不流外人田'了。"这样反而可以促使他向外攻击。

自恋是精神分析的研究内容

弗洛伊德永远都在谈恋母情结或者俄狄浦斯冲突，爸爸、妈妈、孩子是三角关系。有人说，弗洛伊德的精神分析是三个人的心理学。

在现代精神分析的客体关系中，永远都只谈妈妈和孩子的关系，变成了两个人的心理学。爸爸变成了什么呢？爸爸变成了母婴关系的背景，就是说爸爸不太重要了。

到了科胡特这里，永远都在谈自恋，就是一个人跟自己的关系，变成了一个人的心理学。我们跟自己的关系取决于父母怎样对我们。如果一个人的力比多和攻击性没办法正常向妈妈投注，就有可能投注到妈妈的替代品上，比如长头发、女性的内衣、高跟鞋等。这也是恋物癖的形成原因。另外，力比多无法对外，外界没有客体接收力比多，这个时候力比多很可能会撤回来，投注在自己这里——就是自恋，自我满足。

比昂认为，单个的人是不存在的，人必须在关系中才能呈现自己。两个人打交道的时候，实际上是一种很健康的状态，从关系的角度来说好像没有人了。也就是说，两个人都是主体，没有你也没有我，只有两个人之间的连接。

精神分析从三个人的心理学到两个人的心理学，再到一个人的心理学。于是有一个近乎哲学的问题出现了：精神分析下一步会从一个人的心理学发展到什么？张天布老师说：精神分析有可能变成没有人的心理学。他引用了禅宗的一些看法，在此不具体展开了。

精神分析是理解人类内心的最好模型

精神分析可以不谈童年经历

我跟一个病人谈了50次，每次50分钟，但我们从来没有谈过他的童年经历，也没有谈过他父母是什么性格，只是谈他和我之间的关系。这叫不叫精神分析？这是最正宗的精神分析。因为通过移情，他跟父母的关系会转移到他跟我的关系中。心理分析以及所有心理治疗应该遵守的原则，就是此时此地。

我在他退行的情况下，跟他谈我和他之间的关系，实际上是在解决他和他父母之间的冲突。过去通过移情在现在呈现，完全可以不谈以前。

有的人对精神分析有误解，好像精神分析必须要回到对方的童年，谈他跟父母的关系。实际上，精神分析可以不这样做。因为他本来就活在过去，我们在等同于过去的当下，让精神分析通过对移情的分析，消除过去对他的限定，让他背叛自己的过去和童年，让他更充分地活在当下。

精神分析是理解人类内心的最好模型

弗洛伊德当年用那么长的时间来治疗一个人，估计有以下原因：

第一，他研究的是躺椅技术，让病人躺在上面自由联想。

这样会有非常大的退行，要从这样的退行中让病人回到当下，花的时间的确比较长。第二，他没有研究移情焦点 —— 聚焦于某一个具体的移情反应，他涉及的问题太广泛。我们现在的技术可以针对某一个具体问题，设定具体目标，而不是泛泛地说人格成长。

实际上，我们从来就没有离开过弗洛伊德，弗洛伊德的理论并不是错了，只不过不完整而已。弗洛伊德是从生物学层面帮助我们理解了人是什么，只要人还有生物学的存在，弗洛伊德就永远不会过时。某国外媒体发表的一篇文章中说到，弗洛伊德并没有真正死去。但是，现在我们有更好的观点来替代弗洛伊德的一些观点。

现在，精神分析发展的方向就是实证研究：以 2000 年诺贝尔生理学或医学奖获得者埃里克·坎德尔（Eric R. Kandel）为中心的多位世界顶级脑科学家，创办了一本杂志《神经精神分析学》。他们的意思是，如果精神分析的发展不以脑科学的研究为基础，它肯定会死掉。

有一点值得注意，坎德尔获得诺贝尔奖发表演说的时候说了一句话：精神分析到目前为止仍然是理解人类心智的最好模型。我们在理解任何东西的时候，都需要一个模型，比如我们理解宇宙，大脑里就要先有一个关于宇宙的模型，然后才能理解它，如果没有这个模型，宇宙就消失了。斯蒂芬·霍金

（Stephen Hawking）的著作《大设计》（*The Grand Design*）就提到了这种观点。

同样，我们要理解人类的内心世界也需要一个模型，坎德尔认为目前为止精神分析是最好的模型，没有任何模型比它好。实际上，我也不太相信我们能够找到比精神分析更好的理解我们内心的模型。

现在，脑科学的发展对于人们做梦有许许多多新的发现和解释，这些会对弗洛伊德的梦的解释产生非常大的冲击。有人统计了一下，弗洛伊德关于梦的解释正确率是 50%。当然，在没有科学技术做支撑的情况下，他几乎是靠猜测就对了 50%，正确率已经非常高了。实际上，在没有现代脑科学之前，他的弟子比昂就已经对弗洛伊德关于梦的解释做出了抨击。弗洛伊德认为梦是愿望的达成，而比昂认为梦是我们试图整合自己各种心理碎片的努力。

小结

- 客体关系理论认为，人活着是为了寻找跟他人的连接。
- 心理治疗应遵守的原则：此时此地。
- 2000 年诺贝尔生理学或医学奖获得者埃里克·坎德尔说：精神分析到目前为止仍然是理解人类心智的最好模型。

第4讲

精神分析的心理治疗

曾氏语录：

· 安慰一个哭泣的人，不要说"不要哭"，而要说"你一定很痛苦，想哭就哭吧"或"我陪你一起哭"。这就是共情。

· 所谓的童年经历，包括你曾住过的旅馆和吃过的菜。那些旅馆的服务质量和菜的口味，决定了你现在愿意去哪些地方和不愿意去哪些地方。

疾病是怎样产生的

内驱力投注出现问题

经典精神分析认为，一个人的疾病源自他的力比多和攻击性投注出现问题。比如，一个人在妈妈缺位或妈妈回应不恰当的情况下，他的力比多和攻击性投注就会出现问题。

在早年的互动过程中，如果妈妈的回应不恰当，孩子的内驱力投注就会有两种可能性：

·投注到替代妈妈的物体上，变成恋物癖。

·投注到自己身上，产生病理性的自恋。

如果找到其他的抚养者，比如奶奶、外婆等，孩子也会向他们投注。然而，孩子不能向妈妈投注本来就是一种创伤了，弥补性地找一个客体，如奶奶，若在这个过程中奶奶能够给他恰当的回应，他的人格发展不会出现太大的问题，反之情况就会不太妙。

所以，这时候关键要看替代妈妈的客体，能不能给孩子提供高质量的客体关系。

缺乏安全的依恋关系

生活中，我们经常会遇到妈妈和奶奶"抢孩子"。这时候，问题不在于孩子跟谁建立安全的依恋关系，因为只要孩子建立了安全的依恋关系对孩子就有好处；问题是大人之间的争夺，会让孩子处于两难境地，他会非常焦虑。

两个成年人如果因为孩子的事情出现冲突的话，这种冲突就会内化成孩子的内心冲突，也就是他不知道自己到底需要谁。我更愿意这样来表达：在孩子与妈妈的关系中，奶奶是那个争夺者。我们强烈建议，妈妈不要使自己成为孩子的第二抚养者，她本来就是第一抚养者，她应该在那个地方待着。如果让孩子跟妈妈、奶奶这两辈人都建立一致关系的话，这种关系对孩子来说本身就是创伤性的。

如果妈妈的回应很淡漠、焦虑，抑或她有抑郁等状态，那么有一个替代者好一些，还是依然没有替代者好一些？这时候如果替代者拥有健康、稳定的人格，能够提供高品质的客体关系，那有替代者会好一些。但是，这不是最好的，最好的还是让妈妈的人格变得更加健康。

童年埋下的"炸药包"

成年之后经历某一个创伤事件，然后发病，这个创伤性事件称为诱因。也就是它不是真正的原因，它只是一个导火索，真正爆炸的是童年时埋下的那个"炸药包"。所以，成年期间的首次发病，都可以理解为童年创伤的延迟性反应。对一个人来说，如果他在童年时埋下了"炸药包"，一旦社会生活比较复杂，那么他成年后发病就是早晚的事。

精神分析的治疗机理

我们的治疗机理是，让来访者有健康的人格。

来访者跟咨询师（或者说治疗师，因为心理咨询具有治疗、疗愈的作用，很多时候"心理咨询"和"心理治疗"之间、"咨询师"和"治疗师"之间的界限并不是太严格，所以这些概念我们有时候会交替地使用）的关系，不会完全是成年人的关系，来访者会将早年形成的关系模式带到现在的关系中。而来访者给咨询师付钱，来访者准时到咨询师这儿来咨询，一个星期多少次，都是作为成年的他在坚持。

但是，在跟咨询师的具体关系中，可能有个两岁的他在跟我们打交道，甚至一岁的他在跟我们打交道。在来访者跟咨询师有良好的成年人关系的基础上，他会不断演变得更加成熟，也就是说，他的关系跟我们越单向，他的健康程度就越高。

退行是一切心理治疗的基础

从某种程度上来说，我们需要把来访者带回童年。比如我们给他建立一种安全的、有利于他退行的气氛，他自然而然就会退行到早年期间。没有退行，就没有精神分析，甚至没有一切心理治疗。这是一个自动的过程。

为什么咨询师要保持人本主义的关怀、共情的状态？实际上就是促进来访者的有限退行，而过度退行可能很危险。退行，是给一切心理治疗创造基础。

增强来访者的自我功能

咨询师可以在来访者退行的情况下，增强他的自我功能。

我们的超我和本我永远都在冲突，但是它们中间有个劝架的，叫作自我。不管一个人的超我跟本我的冲突如何厉害，都不是这个人发病的原因。真正的发病原因是，自我没有能力协调超我和本我之间的关系。

实际上，自我处在一种被超我和本我夹击的状态中。如果自我足够强大，就既能够应对它们之间的冲突，又能够应对外界。从这个意义上来说，心理治疗只有一个目的，就是增强来访者的自我功能，让他能够搞定该搞定的事情。

从一定程度上来讲，心理治疗就是让来访者租借咨询师的自我功能。作为咨询师，我们把自我功能借出去，这样来访者的自我功能增强了，我们的自我功能却并没有减弱。当来访者可以用咨询师的自我功能来搞定他周围的那些事情时，他就被疗愈了。

回到童年，在走错的路口找到正确的路

简单地说，遇到同样具有攻击性质的事件时，有的人发病，有的人不发病，是因为他们有不同的人格基础。

比如，我在早年形成人格的关系中存在问题，然后一直没表现出来，但在高考的时候我患了抑郁症。于是，我来找咨询师做精神分析方向的治疗。在我与咨询师的关系中，我不可避免地会把我早年跟父母的关系转移到与咨询师的关系中来。这就是移情。咨询师的任务就是，在我退行的状态下，跟我回到

童年，在童年走错的那个路口陪我找到正确的路，让我重新过一次童年，我的状态就好了。

换一种说法就是，早年的时候，在我跟父母的关系中，父母内化成我的一部分，成为我的一种内在客体。内在客体有两种简单的分类：

·内在的帮助者，就是我遇到什么麻烦的时候，他帮助我、支持我、赞美我。

·内在的迫害者，他不断地跟我过不去，使我产生很多内心冲突。

非常不幸，很多人在与父母打交道的过程中，他们的内在客体都是内在的迫害者。咨询师的任务就是，在长年累月跟这样的来访者的工作中，把他们内在的迫害者变成内在的帮助者。这样，他们以后就不再是冲突的人格状态了。

当然，咨询师陪伴来访者重新走一次，把伤害他的人变成对他有帮助的人，并不能称作重新解释这样一个经历。这不是一种解释，这是自然发生的事情。

现在，很多向高校里的老师咨询的学生虽然和家、父母隔着千山万水，但是老师们在跟这些孩子打交道的时候，还是能够感觉到他们好像是驮着父母来上学的。

我们并不需要让这些孩子跟父母重构亲子关系。在咨询中，主要是重构来访者已经内化的父母，松动其人格成长中的固态，才好在建构时有问题的地方下手，重建好的关系。

　　我们甚至不需要调整这些孩子现实层面跟父母的关系，现实层面与父母当下的关系暂时保持不变是没问题的。我们需要调整的是他们内心跟父母——那个对他们人格有决定性影响的爸爸或妈妈的关系。其实，一旦解决了他们内心跟父母之间的与人格有关系的冲突，他们在现实层面跟父母的关系就会得到改善。

当下恰当地对待，即是治疗早年

　　有些咨询师会做这样的事情，就是让爸爸妈妈和孩子一起来咨询室，然后强行要他们相互说"我爱你"，甚至让他们相互拥抱。这实际是非常糟糕的一种做法。如果我们仅仅从表面的关系入手，实际上是在掩盖他们内心真正的冲突。我们不主张这样做，我们主张先由内到外，而不是由外到内。

　　人格是在跟父母的关系，尤其是跟妈妈的关系中形成的，如果父母的人格没有问题，孩子的人格往往不会有问题。这涉及人本主义的一个基本信念：如果我们对孩子的成长没有什么干扰，孩子一定会向正确的方向发展。这是马斯洛及其他人本主义者都坚信的一点。

　　如果我们总觉得孩子在没有父母管教或教育的情况下会发展成罪犯或病人，是反人本主义的。弗洛伊德的精神分析在这点上和人本主义是一致的。从治疗的角度来讲，两者也是一致的。

我们可以用新的客体关系，来替代来访者旧的客体关系。来访者找咨询师来改善他的人格，实际上就是寻求一个可以恰当对待他的人，而他早年是没有被恰当对待的。如果咨询师能够恰当地对待来访者，这本身就是一种最高级别的治疗。来访者当下被恰当地对待，可以解决其早年被不恰当对待造成的问题。因为当下的关系是过去关系的重现，特别是在来访者退行的情况下。

有时候，自然的力量超过人为的力量

具有不同人格特征的人，在面对地震、海啸等重大创伤性事件的时候表现是不一样的。一个早年有创伤性经历或者人格有缺陷的人，这样的创伤性事件对他来说就是毁灭性的。而人格健康的人，尽管他们在面对重大的创伤性事件时会有哀伤，但是他们会在一个自然的时间段里慢慢恢复，重新活下去，并且是好好地活下去。

有人问，有着健康人格的人，受到重大的临时性创伤时要不要治疗？不需要。有研究显示，在这种大面积的集体创伤性事件之后，被心理治疗过的那些人反而恢复得慢一些。因为任何人为的力量都不如一个人的自然恢复进程有力量。

将潜意识意识化

精神分析治疗有一个很重要的功能，就是让我们的潜意识意识化，也就是让潜意识给我们提供动力。

有个小男孩老是打一个小女孩，这个小女孩向妈妈求助，妈妈让她告诉小男孩，"你打我，是因为你喜欢我"。之后，小男孩再也不打小女孩了，因为他没有动力打小女孩了。

那么问题来了，当潜意识越来越多地被意识化之后，我们的能量或动力是不是就越来越小了？

这个小男孩潜意识中的动力已经是"变态"的，他把喜欢变成了恨，所以会打这个小女孩。我们把他的潜意识意识化，把潜意识层面的喜欢变成意识层面的喜欢后，爱的能量和恨的能量就是一样的。

这个小男孩长大后，看到喜欢的女孩他会直接说"我爱你"，而不是用打她一巴掌的方式来表现。这是一种整合的动力，也就是内外没有区别，潜意识和意识没有冲突。

有人问，精神分析是否在乎年龄？当然。如果一个人成年了，爱一个人还是通过打的方式来表现，那很有可能是人格障碍级别的问题。比如一个 20 多岁的男孩喜欢一个女孩，还是通过打女孩，特别是在公共场合打女孩来表现的话，基本上可以诊断，他是前俄狄浦斯期的问题，有人格障碍的嫌疑。

小结

- 咨询师的任务是把来访者内在的迫害者变成内在的帮助者。

- 咨询师需要重构的是来访者已经内化在人格中与父母的关系。

- 咨询师能够恰当地对待来访者，就可以解决来访者早年被不恰当对待带来的问题。

- 心理治疗就是使来访者在和咨询师的关系中，能够租借咨询师的自我功能。

强迫症、恐怖症、焦虑症、中年危机、身心疾病

曾氏语录:

· 一切心理问题都是关系的问题。

· 享受自由的代价是忍受孤独。

情绪是精神分析工作的重心

精神分析要发挥效果,或者说心理治疗要产生作用的话,必须涉及来访者的情绪。

情绪三剑客

情绪分为三种:一种是抑郁,一种是恐惧,一种是焦虑。

· 抑郁,是一种糟糕的感觉,加上"糟糕的事情已经发生"

的认知。

·恐惧，是一种糟糕的感觉，加上"糟糕的事情正在发生"的认知。

·焦虑，是一种糟糕的感觉，加上"糟糕的事情即将发生"的认知。

情感的两种状态

情感，是一种感觉加一种认知的综合体，两者捆绑在一起，才是情感。我们在临床上会遇到两种极端的情况。

一种情况是：我有感觉，但是没有认知。这时候，就可能让这种感觉变得非常难受，比如有人说"我有一股无名火"，意思就是"我不知道它是什么"。这就是没有认知相伴，认知被压到潜意识里。

在治疗过程中，如果遇到来访者说"我有一股无名火"，我们会说："能不能描述一下你的那种感觉，然后给它取个名字。"我们把来访者的认知挖掘出来，他就不会有无名火了。

还有一种情况是：我有认知，但是没有感觉。这是高度合理化或者情感隔离的状态。情感隔离怎样处理？这时候我们永远都要说："你说这话的时候有什么感觉？"

比如，有的人会非常理性地说："爸爸妈妈以前工作很忙，没办法照顾我们，这个可以理解。"我们可以看到，这里只有认知、解释，而没有情感。这时候我们就需要问他："那能不能告诉我，在爸爸妈妈没有管你的时候，你的情绪是什么，你的感受是什么？"然后他说："这个可以理解。"如果他是这样的回答，说明他还处在意识层面、认知层面。

只有我们的感觉和认知同时出现的时候，才是一种健康的或者整合的状态。

如果这两者都被压抑，就会出现不同程度的生理反应。这种情况也很常见。比如，很多人能够感觉到自己头疼，但是没有相应的情绪反应，更没有认知。隐匿性抑郁症就是这样的表现。

我们在工作中经常遇到的强迫症、恐怖症、焦虑症、抑郁症等属于神经症。精神分析学说对它们的发病原因有非常清楚的解释，它们的防御重点是不一样的。

强迫症：内驱力的压抑

强迫症主要是攻击性和力比多的压抑。

强迫行为，是一种情感隔离

强迫行为，是一种仪式行为，一种隔离行为，用来隔离情感。比如，我仪式性地对一个人有礼貌，实际上是我不想跟他有情感连接，就用仪式来隔离。再如，跟一个陌生人见面，我仪式性地要找一个话题，就是情感隔离。

强迫性的仪式行为是性行为的替代。强迫行为其实都是帮助建立隔离的，我们的潜意识非常智慧，我们发散出的症状是让我们不要遇到更糟糕的事情。

不断洗手，是对自己道德堕落的不接纳

不断洗手，想洗掉的并不是细菌或者脏东西，而是道德上的堕落。

一个人做了一件在道德上让自己觉得很堕落的事情，就用洗手来象征性地把它洗掉。为什么要洗那么多次手？因为本质上，道德上的堕落是不可以被水冲掉的，而需要靠别的东西来达到这个目的，比如真正触及自己到底在幻想里做了什么，以及超我是怎样惩罚自己的。不断洗手，意味着对自己道德堕落的不接纳。

如果一个人有强迫症，那么他内心对自己的某一部分是不接纳的，特别是与性冲动有关系的东西。性冲动跟道德之间的冲突，一般表现为强迫症，也可能表现为对他人的不接纳，因为对他人的不接纳是对自己不接纳的投射。

恐怖症：对热爱的掩饰

恐怖是对热爱的掩饰。比如，恐高症、恐蛇症、恐车症、

晕车症、广场恐怖症等都是对相关事物极大的热爱的掩饰。

排斥小动物，是对性的热爱

在一个精神分析操作性培训的小组里，有一个女学员说她非常害怕小动物，害怕小动物那种肉肉的、毛茸茸的感觉。养了小动物后，要么把小动物关在笼子里，要么把她自己关在厕所里，她完全不能与小动物接触。

实际上，所有人小时候都会喜欢毛茸茸的东西。对有肉感的东西，我们也会喜欢，比如性。然而，她为什么如此排斥小动物？因为小动物会激起她与性有关系的愿望。她需要显得自己离那些东西很远，这是掩盖她对那些东西的热爱。一旦哪天她把这个解释想通了，掩盖的行为就会消失，她会成为这个世界上最热爱小动物的人。

假如我们和来访者谈到，他的症状跟性有关，他可能马上会说"我不是这个样子的"。没关系，他潜意识听到了，迟早会发生作用的。

我们千万不要指望，在我们跟来访者做出某种解释的时候，他立即就能接受。他意识层面越说"不"，他潜意识层面可能越接受。我们只需要等待某一天他突然领悟就可以了。

当然，在这个过程中，如果发现来访者有阻抗，我们需要对他说：我知道对你来说，突然接受这个很难。这是对他的阻抗表示支持，让他觉得不接受是对的。

控制，可以缓解恐惧

早年的时候，我们通过自己的无助，强有力地控制了妈妈，而且对妈妈的控制，对我们生死攸关。因为"如果不能够很好地控制妈妈，我就会死掉"，这种婴儿般的恐惧，在一个没有发展好的人格里藏着。这样的人一旦跟别人打交道，他就需要控制周围的所有人。

实际上，这样的恐惧在每一个人的人格里都会有残留。我们一般通过控制他人来缓解自己的恐惧。或者可以这样说，我们让自己处在对控制的高度恐惧中，然后又不被吓死，这实际上是在玩弄恐惧。

比如，吃辣椒。辣椒会给人辣的感觉，实际上是想告诉吃它的人"我很危险，你不要吃我"，但是人知道底线在哪里，"我吃的时候的确把我辣着了，让我不舒服，但是我知道你不会让我死，所以我吃死你"。这很可能是为了体会自己无所不能的感觉。

人类似乎对挑战有一种特殊的爱好，越是危险越要去做。比如蹦极，从很高很高的地方跳下去，考验自己的无所不能。还有一些人是很自恋，他们在高空的时候内心想的是"别人跳下去会死，但是我不会"。所以，蹦极的人是在脑子里已经完

成一次跳跃，他才敢往下跳。如果认为跳下去必死，应该没人
会跳下去。

焦虑症：害怕将来会发生糟糕的事

说到焦虑，我们一般会在前面加一个词"预期"，称为预期
焦虑——将来会发生糟糕的事情。比如考试焦虑症，焦虑的点
在于，这是一场要么飞黄腾达，要么身败名裂的考试。

焦虑有两种，一种是原始的焦虑，一种是成熟的焦虑。

原始的焦虑，害怕自身破碎

比如，有疑病症的人，总是担心自己的边界被突破，总是
担心自己得了艾滋病、狂犬病、癌症等。有这样焦虑的人，问
题多半处于人格障碍甚至精神分裂症的水平，治疗起来非常麻
烦。疑病症的恐怖停留在非常早的时期。

有一个人得了疑病症。他在外面有情人，他总觉得他老婆
在他背部装有窃听器，他跟情人在一起的时候，他老婆能够听
到他们的对话。他找到他的朋友，一个综合医院的外科医生，
并对他说："你一定要把我背部的窃听器取出来。"

那个外科医生觉得这个人真的"病"了，就找到我们医院

的吴医生。他们联手把他推到手术室，真的在他背部开了一刀，并趁他不注意的时候，把一个纽扣电池沾了他的血给他看，说："你老婆还真的给你装了'窃听器'，现在我们把它取出来了。"然后，当着他的面把它丢到垃圾桶里。他在手术台上长舒了一口气，之后快活了半年。

半年之后，他又来找吴医生，跟他说："吴医生，我老婆又给我装了窃听器。我老婆这次给我装的窃听器是水做的，流遍全身。"吴医生听后感觉要瘫倒在地。这样的焦虑，是有渗透性的。皮肤本是自我边界，他却幻想被一个窃听器渗透了。

病情发展到这个程度，治疗起来会很困难，最终可能需要药物治疗。

这样的焦虑往往来自早年。比如婴儿有时候幻想自己突然就没命了，或者幻想妈妈突然就不见了。从一个婴儿的角度来理解，这两者其实是一回事，因为妈妈不见了，就意味着自己也活不长了。如果一个人没有通过跟妈妈的良好关系进入成熟的焦虑状态中，这种焦虑就可能永远藏在他的内心。在他跟治疗师的关系中，这种原始的焦虑也会冒出来，比如他害怕治疗师突然死了。他的症状本身就是害怕突然死了，这是原始的焦虑。

成熟的焦虑，害怕丧失客体和客体之爱

比如，考试焦虑症。高考之前，你如果焦虑，潜台词往往是：我如果考得不好，爸爸妈妈就不会爱我。工作之后，你如果焦虑，潜台词往往是：我如果工作不优秀，也会没人爱我。这是害怕丧失别人对自己的爱和关注。

如果一个人主要的焦虑是这类成熟的焦虑，就表示他的人格发展到了神经症水平，是个心理健康的人。可以说，所有的人都会有这样的神经症性的焦虑。这样的焦虑，严重程度不高，治不好也没事。症状轻一点还有积极意义 —— 可以让一个人为获得社会认可而付出努力，从而取得更高的世俗的成就。

从这个角度来说，完全没有焦虑的已经自我实现的人，往往会丧失创造和生活的动力。这是自我实现的人比较危险的地方。所以，一个人真的没必要太健康，太健康可能会丧失活力。

中年危机：在死亡危机面前寻求新整合

跟青春期的危机相似，中年危机实际上也是寻求新的整合。也就是说，有中年危机的人，会有很多不认同。比如，人到中年，自己的健康状况不如以前，又因为这是第二次"青春期"，跟第一次青春期相比，中年危机是一次重新整合，以及面对死亡的危机。

身心疾病：躯体不适，是内心不适的信号

抗抑郁药物有时可以治疗身体疼痛

在我们周围有数以百万计的人，他们只有身体的疼痛，而没有任何情绪的或者认知的不适。这种身体的疼痛实际上是由情绪引起的，他们的情绪已经到了他们没有办法觉察的程度。这样的人通过抗抑郁治疗，不管是用心理治疗，还是用药物治疗，缓解疼痛的效果都很好。

我遇到过好多慢性头痛的病人，疼了十几年甚至更长时间，他们没有什么情绪问题。他们吃百优解或者黛力新后，疼痛可以在非常短的时间内消失。

躯体不适，是内心不适的信号

面对许多在医院里检查不出器质性病变的病，医生也很没辙。

有统计学证明，在综合医院看门诊的人，70%的人应该同时看心理医生。但是由于科普工作做得不好，很多人不知道自己的问题原来是心理因素引起的。

查不出病因的躯体疼痛人群，往往害怕面对自己的情绪，他们的感受转而以躯体的不适来表达。从这个意义上来说，精神分析实际上是一门"外语"，学了精神分析后，我们就能理解我们的身体在言说我们的内心，不是肉体在痛，而是心在痛。

如果不学精神分析，我们感觉到的只不过是肉体的疼痛而已。

接纳糟糕情绪是人格成长的标志

人们出现情绪的时候，比如悲哀、痛苦、焦虑、紧张等，一般把它们当作负面情绪处理，好像没有这些情绪，人生就不会有各种各样的问题。然而，情绪作为人的一种反应，肯定是有用的。

比如，恐惧情绪实际上是对我们的一种保护。我们看到危险的动物，或者看到前面有一个巨大深渊的时候，恐惧的情绪可以让我们回避这些危险。

我们需要处理的是不恰当的情绪：

·过度反应。

·对情绪的情绪。

丘吉尔曾经说过：在面对纳粹进攻的时候，我们的确是恐惧的，但是最糟糕的是对恐惧的恐惧。所以，对自己糟糕情绪的接纳，是我们人格成长的标志。

哀伤的能力等于成长的能力

精神分析对成长的研究非常多，比如我们每一步成长都有危机，每一步成长都跟哀伤联系在一起，我们越能够哀伤——

哀伤我们的青春、哀伤我们的父母等，哀伤越能够被完整表达，我们便越能够成长。

实际上，很多仪式都是哀伤的仪式。比如婚礼，与其说是婚礼，不如说是葬礼——埋葬我们是别人的女儿或儿子的状态，然后开始新生。成人仪式也是葬礼——埋葬我们儿童的部分。

这样的哀伤，可以顺带解决成长过程中的一次次危机，甚至一步步杀机。可以说，成长的能力等于哀伤的能力。

举个例子，有一个人丧失了丈夫，她肚子里还怀着一个孩子，她处在巨大的悲痛中。她问我：我怎么能够尽快地从这种悲痛中走出来，这种悲痛对孩子来说肯定是不好的。我跟她说：你过早从这种悲痛中出来反而不好。

从悲痛中出来不需要太快，它是一个正常的哀伤过程，我们如果人为地阻止它，就相当于我们人为地转了一个大弯，可能会导致我们内心的过度震荡。因为如果流淌哀伤的过程被干扰，会严重影响肌体的、生理的运作过程。这对胎儿影响更大。

所以，当我们遇到悲伤的事情，不要阻止难过、痛苦的情绪，不要人为缩短哀伤的时间，只要没有达到病理性的程度，让哀伤顺其自然最好。

哀伤与抑郁

弗洛伊德写的一篇重要的文章《哀伤与抑郁》，仍然是我们理解抑郁症的重要文献。文章中的意思是：在我们面临重大丧失的时候，我们不可避免地会哀伤，我们越能够充分地哀伤，我们就越不会得抑郁症。

哀伤是一种正常的反应，而抑郁是一种糟糕的反应。但是很多人丧失了哀伤的能力，比如遇到亲人去世的时候，他们可能感觉不到哀伤，这样就会变成病理性哀伤。也就是，他们感觉不到自己有什么情绪，却不断地收集亲人的纪念品，不断地回忆亲人在世的时候是什么样的状态，以至于现实生活可能会受到影响。

如果哀伤的时间过长或者程度过重，就已经是抑郁了。在这种情况下，我们就需要通过心理治疗来干预。因为这已经是病理性的，而不是正常的哀伤的过程。

有一个实证研究证明，我们在生活中遇到一件麻烦事，导致我们内心出现问题，如果我们自己来处理它可能需要两年，通过心理治疗，15 次基本就可以解决问题，大概就是 3 个月的时间。

哀悼仪式有治疗意义

在表达哀悼方面，我们国家可能是做得最复杂或者最系统的。

我们从古代开始就有"事死如事生"的做法，即对待死亡的人和对待活着的人是一样的。我们还有"慎终追远"的做法。我们的哀伤已经变成了国家制度——丁忧。也就是，无论大小官员，如果父母有一方去世，他都不能再工作。而且丁忧的时间非常长，大概是 3 年时间，以便给他足够的时间哀伤。这个人在 3 年里，只能守在父母的坟旁，读读书，种种农作物，要停止所有的娱乐活动。

在现代社会，以如此隆重的方式来哀伤，有一点反向形成的味道，好像以此来掩盖对父母的攻击。但从另一个角度来讲，这种哀伤仪式，有直接的治疗意义，使我们少了好多抑郁症病人。

也就是说，实际上中国有中国的心理学，只不过它不是用现代心理学的名词来表达，它表现为制度，表现为对人们的劝解 —— 让我们先知道怎么做，然后知道为什么这样做。

小结

- 强迫性的仪式行为是性行为的替代。
- 原始的焦虑，在人格障碍或精神分裂症这个水平。
- 成熟的焦虑，发展到神经症水平，是健康的。
- 完全没有焦虑的所谓人本主义说的自我实现的人，他们的毛病往往是丧失创造和生活的活力。
- 不恰当的情绪，一种是过度反应，另一种是对情绪的情绪。

背叛就是成长

曾氏语录：

· 所谓"个性"，就是处于总是犯同样的错误，直到别人不再认为那是错误的一种境界。

· 一个人早年的时候不被喜欢，成年后就会勾引别人不喜欢自己。

青春期孩子的认同问题

"Identification"，以前我们会翻译成"同一性"，现在基本上翻译为"认同"。

青春期的孩子遇到的最关键问题就是身份认同，即自我同一性。

性别认同障碍

认同，涉及很多方面，比如对自己性别的认同。

有些青春期孩子认为自己不应该是这个性别。比如有的女孩认为自己应该是男孩，有的男孩因为父亲的角色和职能的缺位，或者其他问题，对男性的认同出了问题，他就会让自己不要变得"太男人"。

一位单亲妈妈带着儿子来做治疗。妈妈跟治疗师说："这个孩子有三个问题。第一个问题是太肥胖，身高 1.65 米，15 岁，体重 200 多斤；第二个问题是学习成绩永远倒数第一名；第三个问题是只跟女孩玩，不跟男孩玩。"

妈妈和儿子相依为命，爸爸基本上不出现。

（1）体重严重超标。

在青少年中，有很多孩子体重超标。如果一个男孩体重超标的话，很可能是性别认同障碍。这需要用力比多和攻击性来解释。

让自己长那么多脂肪，实际上是女孩在青春期为以后生孩子做的生理上的准备。男性如果长这种无效的肉，相当于向女性认同，意思就是"我不是男人"。

这个男孩相当于用自己一身的脂肪告诉女孩，"我跟你是一样的，我没有肌肉，我没办法保护你，你不要来找我玩"。这是性的压抑。同时，这也是攻击性的压抑。因为他这时候需要用很多肌肉来承受自己比别人多出来的脂肪的重量。于是，他跟同龄的男孩打架时，自身的负担过重，容易被别人打倒。

（2）学习倒数第一。

学习成绩永远倒数第一，这也可能是性的压抑。男性要吸引女性的注意，他需要让自己变得优秀，女性会本能地去寻找优秀的、适应性强的"种子"在自己的身体里生根发芽。这个男孩显然在用这种方式对女性说，"你不要找我，我的'种子'不好，因为我跟别人竞争时永远都是失败的"。

同时，这往往也是攻击性的压抑。每一次考试，他如果都是正数第一名，相当于把全班的人都攻击了；他如果永远都是倒数第一名，相当于永远都在被别人攻击。

| 延伸阅读 |

被逼着学习是一种虐待

远古是没有青少年这个说法的。那个时候人类积累的知识和谋生的技能非常少，一个男性13岁生日那天，打了几只兔子回家，就可以说是完成了成人仪式，然后便可以结婚、生子等等。

但人类发展到现在，我们积累了太多知识，却需要用很多时间来学习一些谋生的技能。我大概算了一下，从小学一年级开始到硕士研究生毕业，我们花在学习上的时间是19年。

如果是被逼着学习就是对生命本身的攻击，绝对是浪费时间。被逼着学习，而不能够享受学习的快乐时，我觉得用"浪费"这个词太轻了，我更愿意这样说，我们被学习虐待的时间是 19 年，而且以后还要不断地被虐待。

被逼着一辈子学习，意思就是一辈子被虐待。当然，前提是我们的学习愿望被其他东西代替了。如果我们在学习中能够享受攻击性的满足的话，那这 19 年就不是浪费，一辈子的学习就不是浪费。

（3）只跟女孩玩。

只跟女孩玩，这往往也是性的压抑。只有在精神上把自己完全"阉割"的人，才可以在女孩堆里出入而没有焦虑。正常的男性，因为对自己性的欲望的焦虑，会有意地回避女孩。这个男孩跟女孩在一起玩得自在，表示他的精神被"阉割"得非常厉害。

只跟女孩玩，也可能是攻击性被压抑的表现。如果这个男孩跟一群男孩玩，他们之间不可避免会有体力和智力的竞争，他受不了这个，只好逃避，只跟女孩玩。因为他和女孩之间没有大的竞争。

迅速成长带来的认同焦虑

在成长过程中，孩子熟悉的小胳膊小腿，包括熟悉的生殖器会迅速长大，这种快速变化让他们感觉到"我不是我"。

另外，孩子也很困惑："我到底要不要长大？"他们不知道父母是希望他们长大还是不希望他们长大。父母向孩子传递的信息很多时候都是矛盾的。父母一方面觉得孩子不长大会很和谐，因为孩子会听他们的，会很乖，而孩子一旦长大了，他们就没办法控制了；另一方面又希望孩子尽早懂事，自食其力。这会导致青少年自我认同的障碍。

多数时候，家长对孩子的长大都是有意见的。比如孩子上小学的时候，爸爸妈妈说的话都不会太在意，老师说的话却是"圣旨"，实际上这表示他的社会化功能正在发展，也就是他已经能注意到更大范围的需要。但很多父母会觉得，我们对你这么好，你还吃里爬外。这会让孩子不知所措：我到底是听你们的还是不听你们的？

如何提升孩子的自我认同

青春期的认同问题有几十种，许多关于认同的问题都需要解决。很多时候，孩子不知道到底什么是对的，周围传达的信息也是矛盾的。父母接受一些心理学的教育，可以减少他们传递给孩子的矛盾信息的数量以及反差的程度，孩子在跟父母认同的时候，也就会有一个和谐的内心世界。

教育孩子，父母意见最好一致

我们再强调一下：父母之间的冲突会直接变成孩子的内心冲突，也就是孩子会内化两个冲突的客体，然后他也不知道该怎么办。因此，在教育孩子上，父母意见最好一致。

另外，父母和祖父母之间的冲突，也会引起孩子内心的冲突。孩子不知道该听谁的。从这个意义上来说，两辈人之间的统一，对孩子来说也至关重要。

当然，如果父母的关系和谐，双方未必要在所有事情上都意见一致。这时观点的冲突一般不会导致伤害，导致伤害的是情感的冲突。情感的冲突才是需要处理的。就算我们的观点非常不一致，却同样可以制造和谐。

差异一般是用来制造和谐的。比如男女之间的差异，往往是用来制造和谐的，而不是制造冲突的。

一个女学员对我说：我跟我老公之间差别太大，世界观、生活习惯等都是有冲突的，曾老师，你觉得这怎么办？然后我对她说：你知不知道，你和你老公最大的差别？她想了一会儿，想不出来。最后我说：你跟他最大的差别是一公一母。

差异应该制造和谐，不然没法在一起。

那么，什么情况下我们会用差异来制造冲突？本来就有冲突的情况下，我们会放大差异，或者把差异朝相反的方向扭转。比如吵架的时候，不是因为有差异才吵架，而是因为吵架，才把差异翻出来。差异本来就存在，它不是制造冲突的原因。这时候，差异变成了攻击对方的武器。

中立地对待孩子的所有表现

很多人在孩子出生后，会给孩子分类。比如，这个孩子是"容易孩子"，容易照顾；那个孩子是"困难孩子"，闹腾、不好哄等。我反对将孩子分类，因为将孩子分类，然后预设他们的将来，就是按照成人世界的价值标准来要求他们。

这可能会对他们造成一种暗示。比如你说"我儿子很闹"，你的孩子就会认为自己很闹；你说"我儿子很乖"，你的孩子就会认为自己很乖；你说"我儿子很笨"，你的孩子就会认为自己很笨。

强烈建议，我们应该中立地对待孩子的所有表现。也就是，不赋予孩子任何好的或者不好的标签。

实际上，每个人的一辈子都是一种被催眠的过程。如果在小时候就被催眠成乖孩子或者不乖的孩子、闹腾的孩子或者顺从的孩子，孩子真的就会朝那个方向发展，这对他们是非常不利的。

给孩子"穿大鞋"

我们的任务就是像唐纳德·温尼科特（Donald W. Winnicott）一样，给孩子抱持性环境，可以理解为给孩子"穿大鞋"。给孩子"穿大鞋"，就是让孩子在成长的过程中尽可能多地不被评论。不管什么评论，太多了都不好，都是一种限定。被评论，就是被限定。

很多爸爸妈妈会对其他人说，我的孩子不喜欢吃肉。这种暗示非常糟糕。实际上，人是肉食动物、杂食动物。我们是喜欢吃肉的。孩子可能只是某一次不想吃肉而已，父母就轻易给他下个判断，说孩子不喜欢吃肉。这显然会影响他生物欲的发育。

温尼科特举过两个例子来说明抱持性环境——"孩子：我是世界的主人。父母：你的确很棒。""孩子：我是世界的主人。父母：你得了吧。"

第一个例子。孩子坐在爸爸的肩膀上，孩子说：我是世界的主人。然后爸爸说：你的确很棒。这有点像《狮子王》中老狮子对辛巴做的。辛巴这小狮子说：我是森林之王。老狮子说：你是森林之王。这就是对辛巴的状态的肯定，意即"你的确很棒"。

第二个例子。有个孩子，在刚认为自己是世界的主人的时候，就因飞机起飞而被吓得屁滚尿流。这时候，爸爸趁火打劫跟他说：你刚才还说你是世界的主人，飞机起飞就把你吓成这个样子，你算了吧。

我们知道，很多父母会这样做，实际上是因为自己的健康自恋不足，他们需要通过贬低别人来满足自恋，特别是贬低自己的孩子，因为这是最方便和最没有危险的。

第二个例子中的爸爸给出的回应好像在说：你这个样子还世界主人，你算了吧，你以后当个小商小贩就可以了。真正伟大的父亲或者健康的父亲，这时会把孩子抱在怀里：别怕，爸爸在这儿。

这就是接纳孩子的害怕，这就是支持。我们接纳了孩子的恐惧，他可以恐惧，就是我们给他的有力支持。被这样对待的孩子，他不会害怕自己有时候的弱小，因为他知道有个更强大的人会保护他。他不会为自己的恐惧而恐惧，他才会对自己的恐惧没有羞耻感。因为他曾经出状况的时候，没有人羞辱他，他得到的是帮助。

少催眠，多解释

弗洛伊德最开始是学催眠的，但是他是一个糟糕的催眠师，他在奥地利给处于中下层的人做催眠效果很好，因为那些人顺从性比较好，但是给处于中上层的人做催眠效果不好。

因为他对催眠效果不满意，于是就发展了精神分析。从这个意义上来说，催眠是精神分析的"爹"。其实，有好多精神分析的解释，如果仔细体会，它们跟催眠是有相通之处的。

比如，我们会对怕光的人说：你实际上是喜欢光线。这就是有点催眠的味道。不过，我不太喜欢把精神分析的解释说成是暗示，因为这由治疗师做主导的成分太大。

弗洛伊德曾经比较过催眠跟精神分析的区别。

他说，催眠就是你的内心原本没有什么，我丢进去什么东西之后，你就变得不一样了；精神分析不同，精神分析是你内心本来就有东西，但是你没看见，我们通过解释把它从你看不见的变成了你看得见的，把你有的东西摆出来，所以精神分析治疗的效果更加持久。

一般来说，我只在没办法用精神分析说清楚，而用催眠能更好理解的情况下，使用"催眠"。如果能把一件事情说清楚，我还是会还原精神分析本来的样子，那么就不是在催眠而是在解释。

在"我是谁""我从哪儿来""我有什么能力""我将变成什么样的人"上不受自己控制，而被别人控制，这就叫催眠。不过，这时我们把催眠当成了贬义词。其实，催眠不是一个贬义词，催眠对一些治疗学派来说非常重要，特别是在用来帮助他人的时候。当然，催眠跟精神分析结合起来用的话效果会更好。

背叛过去，就是成长

精神分析与佛教有非常大的相同之处。

从哲学上来说，它们都是决定论。寺庙里的和尚经常谈论因果。在这点上，精神分析跟佛教的本质是一样的。

从目标上来说，它们也是一样的。精神分析的目标是让一个人超越过去对自己的限定，过上不被过去限定的生活。用现在的话说就是：活在现在，享受当下。佛教在这个方面也是一致的。

超越早年的控制

在精神分析中，我们理解过去，是为了跟过去说再见。这就像有人说的，我们理解戏剧是为了杀死戏剧一样。然而，精神分析经常给人矛盾的信息。比如，它研究非理性，所以我们有时候就会觉得精神分析是非理性的。其实，精神分析是最彻底的理性主义者，研究潜意识的激情，以及人类不理性的行为，实际上是要让我们变得更加理性。

精神分析研究命运，研究过去是怎样决定现在的，也就是想超越被决定的命运。所以，它研究命运，但是它又反对命运。

貌似非常矛盾，实际上很一致。这表现在它使过去的味道变得越来越少，充分享受现在的生活、人际关系等，更多地照顾现在 —— 超越早年的控制。

那么，怎样逃脱早年的控制？

我们只能说，要尽可能地理解自己早年被怎样限定过，好离早年远一点。一个人越是能够充分理解早年是怎样限定他的，越不会被早年限定。一个人越是理解自己怎样忠诚于过去，越能够背叛过去，而背叛就是成长。

调配限定和雄心

人们很容易陷入宿命论或决定论，过了一定的度就有点俗气，就像一个人脚崴了一下却说跟命运有关系。但如果少了宿命论或决定论的话又会显得浅薄。比如认为人可以搞定所有的事情，跟命运没关系。

所以，运用宿命论或决定论需要一定的比例，就是我们相信部分是宿命论或决定论的，同时也相信自己有改变宿命的能力。用马斯洛的话说就是：我们除了被过去限定之外，也还有此时此地想改变自己的雄心壮志。切断过去，从现在开始，让自己的人格有更大的成长。

小结

- 父母接受一些心理学的教育，可以减少他们传递给孩子的矛盾信息的数量以及反差的程度。然后，孩子在跟父母认同的时候，也会有一个和谐的内心世界。
- 强烈建议父母中立地对待孩子的所有表现，尽可能不加评论，不管什么评论，太多了都不好，都是一种限定。被评论就是被限定。
- 精神分析的目标是让一个人超越过去对自己的限定，过没有被过去限定的生活，更多地活在现在，享受当下。

移情与反移情

曾氏语录：

· 移情即人类唯一的情感，因为人类的一切情感均可以归结为它。

· 移情，跟所谓的宿命论有关系。

· 移情就是一个人把他早年与父母的关系转移到与治疗师的关系中来。

移情：过去重现

把过去移到现在

我一直说的都是不标准的、带有湖北口音的普通话。这实际上很可能是移情，具体解释就是：我通过对早期语言环境的忠诚，让自己跟早年关系保持连接。所以我离开故乡去往上海后，直接把乡音带到了上海。从能力上来说，我可以讲标准的普通话。但是，一旦我把某些音发得标准，我就会觉得我背后很空洞，好像我背叛了老乡们，或者背叛了给我成长环境的父母。所以，我需要说带有湖北口音的普通话，以此跟他们保持连接。在我跟他们保持连接的时候，我正在被过去限定。

如果我回老家还说很标准的普通话，我的老乡会说：你不过是在城里生活了一些年，回家就忘本了。他们会觉得我在攻击他们。实际上，我的确是攻击了他们，因为我背叛了他们教给我的语言。然后，他们会折磨我。

其实，根本不需要他们折磨我，我自己内心就有个超我说着和他们一样的话。如果我们过度背叛，比如背叛早年的语言环境，似乎就应该受到惩罚。

而精神分析，就是要切断我跟过去的连接。

比如，在学习外语时，好多非常聪明的人也总是学不好。这是因为他们还是忠诚于过去。学不好外语，并不是他们的语言能力有问题，而是他们对背叛后可能面临的惩罚的恐惧。这是移情的作用。这是表示我们还生活在过去。

教科书对移情的精确定义是：过去在现在重现。我说带湖北口音的普通话，就在重现我早年学习语言的环境，穿越时空，把过去移到现在。

移情即转移关系

移情，德语叫作"übertragung"，英语叫作"transference"，

就是"转移"的意思。有的同行把它们翻译成"转移关系"。这比"移情"好理解,至少不会引起误解,一说"移情"好像后面还跟着两个字,让人容易联想到"移情别恋",实际上它并没有这个意思。

当我们把移情理解成转移关系的时候,视角马上就变得非常开阔。

如果我们跟当下的人打交道,只不过是照搬以前的关系模式而已,那么这就叫移情。比如,把对方当成自己经历中的一个人,我们跟过去的那个人之间有一种情感,于是把当下的人当成过去经历过的那个人来感觉。这种照搬,不仅仅是情感上的,而是整个关系。当然,情感是整个关系的一部分。

把过去的我移到当下。因为有时间的跨越,所以精神分析也可以说是一门关于时间的学问,而移情等于时间的错误。在精神分析的治疗中,移情就是来访者将自己童年对一个客体(尤指父母)的情感,在治疗过程中转移给了治疗师。

| 延伸阅读 |

各学派的优雅

(1)各学派都有其优雅。

精神分析属于心理学派的一种,它也是三大思潮之一。三大思潮是指人文主义、精神分析、行为主义。

据统计，现在世界上的心理治疗学派大概有 250 种。有时出现几种，再消失几种，基本维持在这个数字。任何一个学派都有它的强项。比如，精神分析的强项在于了解人的潜意识。行为主义的强项之一是能够在短时间里使行为改变，这是精神分析做不到的。

我们现在处在后现代社会，后现代社会的特征之一就是真理多元化，也就是说，每个人都可以掌握自己的真理。哪怕你的真理跟别人相冲突也没关系，大家彼此尊重，不会像以前一样，认为自己拥有真理的各学派之间互相打得尸骨成山、血流成河。这样的事情已经一去不复返。在这样的环境中，可以保证我们的后代不再为脑袋里想的东西不一样而发生战争。

说到这里，我们不妨来看看哥白尼和托勒密之间的冲突。前者相信地球绕着太阳转，后者相信太阳绕着地球转。在后现代社会里，我们可能会认为他们都是对的。如果说地球绕着太阳转，我们有一套公式来描述。如果说太阳绕着地球转，我们同样有一套公式来描述。但是为什么我们更愿意选择地球绕着太阳转呢？因为描述这种状态的方程更加简单优雅。

优雅，本来是一个关于艺术的词汇，现在它已经成了判断科学的重要定律，也就是如果一个方程是不优雅的，它可能是错的。

优雅相当于佛教所说的方便法门，代表更简洁、更科学。这对于我们关于真理、关于科学的思考也非常重要。学派之间哪怕有完全相反的观点，也并不妨碍各自掌握真理。

哪一个是更好用的，哪一个就是更优雅的。

（2）精神分析适合勇敢接受自己情感的人。

加入什么心理学派，跟每个治疗师的人格特点有关系。

半开玩笑地说，一个过于聪明的人，就是大脑皮层过于发达的人，可能不太适合从事精神分析。因为精神分析涉及情感，一个大脑皮层更发达的人，逻辑思维更强，规范能力更强，意味着他倾向于隔离他的情感，这样的人可以做比精神分析更重要的事情，做更大的事情。

精神分析不是智力游戏，越是勇敢地接受自己情感的人，越适合从事精神分析。

（3）理智是对情感的防御。

意思是说，一个内心情感过于丰富的人，因为他害怕情感，所以他会让自己看上去很理智。如果一个人比较迟钝的话，他就不需要用理智来武装自己了。情感丰富、敏感的人，才需要用理智来武装自己、保护自己。

反移情：逆转移

反移情是什么呢？

反移情，在德语里叫"gegen übertragung"，"gegen"是反

方向的意思；在英语里是"counter-transference"，"counter"也是反方向的意思。中文里，"反"有动词的味道，所以有些人会把反移情理解成对移情的反抗。要避免误解，最好把它翻译成"逆转移"，"逆"也有反方向的意思。这样，引起误解的可能性就比较小。

允许被勾引，但坚决不配合

一个好的治疗师或者精神分析师，应该是一个真实的自己：有专业的储备和状态，更是一个充分感受生活和他人的人。

一个年轻小伙子到我这儿来做治疗。我作为一个男人来感受这个小伙子的时候，我觉得瞧不起他。这是反移情。我如果真的瞧不起他，对他进行侮辱，或者把他赶出咨询室，那么我就跟他配合完成了一次强迫性重复。如果我这样做，跟他生活中遇到的那些人就没有什么区别，对他没有治疗价值。

但我也是精神分析师，我知道他在勾引我瞧不起他，我坚决不配合，我要让他理解，他是怎样攻击自己的，以及怎样让别人来攻击他的。

我怎么针对他进行治疗？我这样对自己说：我对他的瞧不起，是他勾引的。然后我就能知道他的移情是什么，他的整个人格特点是什么——他曾经被他人贬低过，曾经在生活中教会100个人来贬低他、瞧不起他，我只不过是他试图要教会的第

101 个人而已。他在我这里获得的不是瞧不起，而是尊重，他就有了新的经验，这会让他以后变得不一样。

这就是用反移情来理解他的内心世界到底是什么样子的。

充分利用我们的感受

当这个小伙子来寻求治疗的时候，我真的感受到自己瞧不起他，这是我作为一个人真实觉察到的。

治疗师没有必要隐藏自己对他人的任何看法。我们要求自己爱别人，这个没有问题，这是一个大的目标。此外，我们也要时刻感受作为一个人跟来访者在一起的体验，这非常珍贵。

反移情是探索一个人内心世界的最好工具，我们可以充分地利用我们跟一个人在一起的感受，因为这个感受本身就是反移情。

也就是说，作为治疗师，首先我们跟别人是一样的，会受来访者的勾引而产生瞧不起他的感觉，但是我们和其他人不同，我们止步于此。

我们感受到自己瞧不起他，然后对这种瞧不起的感觉进行工作。在工作中，让他知道这个世界上原来有一个人不会瞧不起他，不管怎样都尊重他，让他获得新的经验，并用新的经验取代早年的经验，从而起到治疗的作用。

治疗师的反移情和移情

很多年前，我们把治疗师对来访者的全部反应（总的感觉）统称为反移情，现在我们做了区分，分为反移情和移情。比如一个来访者找我，我对他的全部反应可以分成两个部分：一是被来访者诱导出来的反应，就是反移情；二是我本身固有的反应，叫作移情。

所以，治疗师对来访者的全部反应 = 反移情（因来访者产生的移情）+ 移情（治疗师自己的移情）。

一个治疗师要能够分辨哪些东西是来访者带给我的，哪些东西是我本来就有的。也就是，哪些是因来访者而产生的移情，哪些是治疗师自己的移情。

举一个例子，一个治疗师在给来访者做治疗的时候睡着了。其中就包括上述两个部分。

因来访者而产生的移情

其实，很多治疗师都有这样的体验：在跟来访者做咨询的时候，昏昏欲睡。我们医院曾经发生过这样极端的事情，一个治疗师跟来访者工作的时候睡着了，而且还打呼噜，来访者拍了一下治疗师的肩膀说："医生，你醒醒。"

当然，我们不会觉得这是一个有关医疗责任的问题。医院的管理者如果懂得精神分析的话，也不会在这个来访者投诉的情况下，对这个治疗师说"你责任心不强，医德不好"。

站在专业的角度思考，治疗师跟来访者工作时睡着，很可能是治疗师因来访者而产生的移情。也就是治疗师的反移情见诸行动，他觉得与来访者谈话没什么意思。

治疗师觉得来访者的谈话"没什么意思"，至少包含两个方面：

一方面是来访者传递的信息是无趣的。如果他传递的信息很有趣，治疗师是不可能睡着的。

另一方面，从基本驱力的角度来说，表示在他的气场里，他没有注入原始的或者升华的力比多，有着巨大的力比多的压抑，他的人（或者也可以说人格）是无趣的。

此外，治疗师昏昏欲睡，也有可能是来访者有强烈的攻击性压抑。假如这个来访者没有那么大的攻击性压抑，他就像拿了一把刀子一样，表现出了某种直接的或是象征性的对治疗师的威胁，治疗师也是不可能睡着的。

所以，只有来访者的基本生命能量——力比多和攻击性——被高度压抑的时候，治疗师才会安静地入睡。

那么，这个治疗师醒来之后，他就会想，是这个来访者有巨大的两种驱力的压抑让他睡着了，于是会跟他讨论他的压抑，讨论他为什么全部攻击性都指向自己。可见，治疗师工作时睡着了，反而是让治疗师能够更好地理解来访者的内心世界的重要线索。

治疗师自己的移情

还有种情况，也会导致治疗师在做治疗的时候睡着。如果这个治疗师通宵未睡，看电视、看书或者做别的事情，结果他第二天工作时睡着了。这就跟来访者对他的刺激没关系，跟来访者的移情没关系，而跟治疗师自己的状态有关系。这是治疗师自己的移情。

治疗师的移情，就是治疗师自己没有解决的内心冲突，被投射到他与来访者的关系中。

治疗师需先解决自己的移情

治疗师的移情，需要治疗师自己解决。我们自己的问题解决得越多，我们反射给来访者的部分就越多，我们就越是一面好的镜子。

我曾经让两个学员在台上做示范式的咨询和被咨询。一个人扮演病人，另一个人扮演治疗师。当然，也不完全是扮演，他们都是在说自己的事情。

扮演病人的学员，刚开始说得很流畅，扮演治疗师的学员一直没说话。慢慢地，当扮演病人的学员说到他童年被抛弃的创伤性经历，比如他小时候没有跟爸爸妈妈生活在一起的时候，扮演治疗师的学员突然提了一个跟这件事情完全无关的问题。这时候就变成了两人的对话，没再继续谈这个病人早年被抛弃的经历。

回顾刚才的情景，我问扮演治疗师的学员，为什么这时候突然提问，导致谈话方向的改变。他觉察到，当时突然提问是因为他觉得这个病人提了一件让他很痛苦的事，他早年也被爸爸妈妈扔到爷爷奶奶家里很长时间，初中的时候才回到自己家。他为了避免自己的伤痛，就把谈话的方向转移到不会让自己痛苦的方向上来。

如果扮演治疗师的学员，以后想做一个好的治疗师，或者要去处理别人的分离焦虑，他自己首先就需要被治疗。因为他自己还有未解决的问题。

一致性反移情：共情

如果扮演治疗师的学员没有早年被抛弃的经历，扮演病人的学员谈到与分离有关的事情时，他要么很平静，要么出现一种从来没有体验过的痛苦。后一种状态是一种共情，也称为一致性反移情——痛着你的痛，爱着你的爱，悲伤着你的悲伤。

当一致性反移情出现的时候，来访者的痛苦不仅是来访者的，也是治疗师的。来访者刺激我们处于与他相同的痛感中，可以加深我们对来访者的理解。

当一致性反移情上升到艺术水平的时候，就是共情。治疗师在来访者的问题上没有自己的痛点，或者自己的痛点已经被处理好，才可以痛来访者之痛。我们必须在心理上腾出空间，才可能产生这样的深度共情。

让我们难受的人

一个早年时自尊心被反复踩躏的人，往往善于让别人觉得自尊受伤。我们作为治疗师对此的理解是这样的：你（来访者）让我（治疗师）的自尊心受到了很大的伤害，你攻击我、挑剔我，我痛了之后，知道这种痛可能不是我的而是你的。因为你没办法直接告诉我你如何痛，你只能通过让我痛的方式，让我知道你曾经怎样痛过。

在生活中，我们经常会碰到让我们难受的人。对待这样的人，很多人会以牙还牙。其实，如果通过反移情来理解的话，我们就会明白，让我们难受的人只是没办法告诉我们他有多难受。他只好通过潜意识告知我们他的难受，方法就是让我们跟他一样难受。

你痛过我的痛，才会知道我有多痛

有一次，我去某个城市的海滩浴场游泳，我牵着我女儿的手往水里走。水下面都是尖锐的石头或啤酒瓶渣子，那段路走得万箭穿心。

我害怕女儿受到伤害，就抱着她，这样我身体的重量增加了，我感受到的痛更强烈。我告诉自己也许走到更远的地方会好些，但是并没有，所以我决定返回。可是，返回的路上也同样极度不适。

我像祥林嫂一样告诉过很多人，当时我是怎样痛着，但是我从他们的表情可以看出来，他们没有像我当时那么痛，不可能理解我。我想，如果我当了"皇帝"，就直接让士兵押着他们，光着脚抱着 50 斤重的石头去感受一下那段路程。这样，我一句话不说，就能让他们完全理解我当时的痛苦。

很多来访者，没办法通过语言告诉别人"我怎么难受"。他们只能够通过让周围的人难受，比如破坏人际关系让别人难受，来告诉别人"我是怎么难受的"，所以他们的人际关系往往变得非常糟糕。

这种让别人难受的方式，也会让自己越来越糟糕。但是，这样做对他本人又是有好处的。他让你知道他的感受，就相当于婴儿让妈妈知道他肚子饿了 —— 我肚子饿了，妈妈不知道，我如果能让妈妈也肚子饿的话，她或许就知道我饿了。

"妈妈饿了，才会知道我也饿了"，这是早年的关系模式。精神分析经常会退到非常早年的关系中来看问题。

这种早年的处事方式，基本上出于本能。同时，这也是一种没有办法的办法。因为这样的人没有成年人的办法，成年人可以用语言来告知对方自己难受，以此获得安慰。但是这样的人没有清晰表达痛苦的功能，只能把你整得跟他一样难受，他就婴儿般地觉得"我已经让妈妈饿（难受）了，所以妈妈（知道了我的难受）会来喂我"。

正确回应羞辱类攻击

让我们难受的人，往往带着羞辱类攻击。面对羞辱类的攻击，我们通常有两种回应：一种是认为对方羞辱了我们，然后我们以牙还牙；另一种是我们理解对方为什么这样做，对方是需要告诉我们他被怎样羞辱过，然后我们基本上不回应，或者给予他相反的回应，宽恕他、爱他。

后面这种回应会极大地提高我们宽恕的能力。如果宽恕的同时给予对方共情，那么就会具有治疗作用。

如果我们没有经过专门的训练，怎么区别一个人让我们感到的羞辱，是来自我们自己还是对方？到底是我们自己的移情，还是对方带给我们的移情？

对于这个问题，我有个比较巧妙的应对方法：如果在生活中我们认为某一个人带给了我们羞辱，出于防御的考虑，我们可以先认为是他勾引的。逻辑就是：因为他没办法告诉我们他是如何被羞辱的，只能用让我们觉得羞辱的方式来让我们体会他如何被羞辱过。

如果这既是缓解我们自己的策略又是事实，那么这样做，我们在这个问题上就会得到解放。

相反，如果我们本身就有很强的羞辱感，这个人的刺激只不过让我们变得更加羞辱而已，我们就会对他有仇恨。这会使我们处于一种更加不自由的状态中，感受到更强的屈辱。

用投射性认同避开冲突

生活中，我们经常听人说"让你也尝尝味道"，这是意识层面的。对于这种人，我们使用的方法往往是直接反击。但是，有的人是在潜意识中做这样的事，跟他们打交道除了难受还是难受。

现在我们已经知道，他们是内心有痛苦，却没法直接言说，他们想找一个人理解他们，仅此而已，并非真的要跟我们过不去，并非真的要让我们难受。知道了这些，我们就不会那么难受了。

这是一种防御机制，叫投射性认同。它对我们有保护作用，使我们不跟别人的冲突纠缠。我们有了自我保护，就不会被对方的刺激引诱。

小结

- 移情，即转移关系。德语为"übertragung"，英语为"transference"。

- 反移情，即关系的逆转移。德语为"gegen übertragung"，英语为"counter-transference"。

- 任何一个学派都有自己的强项，精神分析的强项就在于了解人的潜意识。

- 一致性反移情上升到艺术水平的时候，就是共情。

反移情是治疗的关键

曾氏语录：

· 反移情是探测来访者内心世界的最好工具。

反移情是照心灵的镜子

心灵的深度：大雪球的小雪心

经常有治疗师这样说：我跟来访者已经谈得很深，有心灵深度了。我问他：你说的深度有没有标准？他说：我们已经谈到与性有关系的事情了。

其实，与性有关系的事情，不是人内心最深的东西。虽然在日常交往中，如果两个人谈到了性，表示他们的关系非常深，但是在心理治疗中，来访者谈到与性有关系的话题，表示其还停留在非常浅的意识水平。

有人可能要问，什么叫作心灵深度？从移情这个角度来说，心灵深度就是时间深度。以滚雪球来做比方，刚开始的时候，雪球只有很小一点点，随着滚动，雪球会越来越大。那么，越早滚进去的雪，越能成为大雪球最核心部位的结构。

捕捉来访者的人格气味

一个男性来访者，他1岁的时候被送到爷爷奶奶家里，上小学时才回到父母身边。那么，他1岁时跟父母分离带来的创伤，不仅会影响他的人格，还会在他以后的生活中表现出来。

比如，在亲密关系中，他可能会对过深的关系产生恐惧。因为如果他跟别人有太深的关系，小时候跟妈妈有了深的关系后又被强行分开的创伤性体验就会被激活。所以，一旦要面对过深的亲密关系，他可能采取的措施就是主动破坏这种亲密关系。

这很符合移情的定义。他把早年分离的创伤性体验，在成年时的亲密关系中复活了，也就是说他有意地制造了早年事件的重复。

我倾向于认同移情是一个人"人格的气味"。简单来说，就是治疗师在跟一个人打交道的时候，这个人的人格散发出来的所有源信息，都会对咨询师造成一定的影响。

治疗师把感受到的东西返还给来访者，这就是治疗师的作用。治疗师的这种反移情，实际上是帮助来访者照见心灵的镜子。

反移情的侦查工作

多年前，我跟一位心理学博士讨论一个具体案例。在提到反移情的时候，他斩钉截铁地说，反移情就是对方出现移情，你要反对他。

这种说法是错误的，反移情是治疗师在来访者移情的刺激之下的反应。

日常生活中，在跟别人打交道时，我们会不那么专业地猜测别人有什么样的感受和想法。在专业的心理治疗关系中，我们是反过来做的——先感受跟你在一起时我的感受，然后再推导是因为你的什么方面导致了我这样的感受，也就是你是怎样"勾引"我的，使我对你有这样的感受。

治疗师睡着了

回到前面的例子，治疗师跟来访者做咨询的时候昏昏欲睡。这往往是因为来访者有着巨大的力比多和攻击性的压抑。力比多的压抑，导致他是一个无趣的人，以至于说的话也很无聊；

攻击性的压抑，让治疗师感觉不到威胁，所以治疗师就睡着了。如果这个来访者没那么压抑，他说的可能就是非常有趣的东西，治疗师就不会睡着。

一个治疗师需要重要的专业设置，就是定期被督导。督导的作用，就是帮助治疗师分析他和来访者之间发生的反移情、移情和阻抗（防御）。再次强调，治疗师永远都要先考虑自己在来访者面前是什么感觉，有什么想法，然后通过这些来了解来访者的人格特点。

我为什么能爱上你

有一句比较流行的话：我爱你，不是因为你是谁，而是因为在你面前我是谁。如果在你面前，我感觉到自己不存在或没价值，那么你肯定配不上我爱你。如果在你面前，我感觉到我是有价值的，而且是强烈存在着的，那么我可以爱你。

如果把这句话换成精神分析的语言，就是：我不管你是谁，我首先要看在你面前我是谁，通过在你面前我是谁的这种感觉，我就知道了你是谁。

实际上，这就是我们先看自己的反移情是什么样子，然后通过反移情来了解来访者的内心到底如何。

8次治疗，未能集齐材料

在武汉忠德心理医院（原武汉中德心理医院），每个星期五下午都会做督导。

有一次，一个30多岁的男性治疗师报告了一个案例。他说他跟一个22岁的女性来访者做了8次咨询，连她的基本资料都没收集全。因为资料没收集完全，对这个来访者的基本心理动力学假设也没有做出来，他感到有些自责和内疚。

这个22岁的女性来访者，她的主要问题是抑郁症。她小的时候，爸爸经常打她，很多时候打得很严重，她两三天都起不来。这是一个暴力倾向很严重的爸爸。

在跟来访者的治疗关系中，治疗师有这样的感觉，好像这个女性来访者像泥鳅一样。治疗师问她一个问题，她可能第一句话是回答治疗师的问题，但是第二句话就不知道拐到什么地方去了。所以，治疗师有非常着急的、抓不住这个来访者的感觉。

了解到这些，我就对这个治疗师说，你觉得她像泥鳅一样，抓不住，你有点着急，是你的反移情。这表示她在你面前，真的像一条泥鳅一样，你如果接近她，她就想逃跑。

实际上，这是她在和她爸爸的关系中形成的一种人格特点——跟任何人只要有接触，立即就会逃跑。如果她不逃跑，她就会在精神上和身体上受到伤害。

这个治疗师听了后，不再为自己在 8 次咨询中都没有收集到来访者相对完整的材料而感到自责和内疚了。相反，他通过自己这个"貌似的错误"，了解到她原来是一个如此害怕跟别人有哪怕非常短暂的亲密关系的人。

有了这样的理解，我们就可以直接制订下一步的治疗思路。这个男性治疗师总结说："以后我可以少对她提问，因为在这种状况下，过多的提问本身就意味着攻击，可能会导致来访者的慌乱。我只是静静地待在那里，给她一个安全的抱持性环境，然后她才会试探性地跟我发生连接。在一次又一次的试探之后，当她觉得我不是像她爸爸那样攻击她的人时，她就可以在心理上跟我维持一段相对来说比较长的关系。随着时间的推移，她早年在跟她爸爸的关系中形成的交往模式，才可能被彻底改变。"

"色眯眯"的来访者

有一个女治疗师给一个 30 岁出头的男性来访者做治疗，和他谈了 5 次，就觉得受不了，要求我们给她督导。

她说这个来访者小时候的经历跟贾宝玉相似，是在女人堆里长大的。跟来访者在一起,感觉他的一举一动、一言一行都是色眯眯的,这让她非常不舒服。

我给了这个女治疗师这样一个解释——你是在正常的男女关系中长大的,假如你跟男性社交,让你舒服的距离平均是 100 厘米,而这个男性来访者跟女性打交道的正常距离是 80 厘米,那么即使他内心没有任何对你进行色情性攻击的想法,他正常跟你打交道的方式,都有可能让你的自我边界被突破 20 厘米。

这个治疗师是悟性非常好的人。她再跟来访者打交道的时候,对自己的状态做了调整,然后男性来访者对她色眯眯的那种感觉就烟消云散了。

我还给她举了一个例子。我说,假如你给一个没有“见”过女性的男性来访者做咨询的话,你按照自己日常生活中跟男性打交道的 100 厘米的距离跟他打交道,那么他可能认为你对他色情诱惑。这样的来访者,你可能要搬一个凳子放在咨询室门口,他进门后,让他在门口坐着。然后你坐在他对角线的那个角落,用麦克风为他做心理咨询。这是非常适合他的距离。随着他对女性的恐惧越来越少,你们可以拉近距离,直到近到你跟一个正常的男性来访者的距离为止。

我有点怵这个来访者

我给一个女性来访者做治疗，跟她在一起，我觉得很紧张。表面看，她学历比我高，反应比我快，记忆力比我好。比如她经常说："曾医生，好像你 3 年前跟我说的话，跟你今天说的话，有点不一样。"这让我觉得我需要记住对她说的每一句话，而且对她说每一句话都要小心谨慎。

所以，我觉得跟她在一起的那 50 分钟，差不多相当于和其他来访者在一起的 3 个小时，需要付出非常大的心理能量的代价。

有一次，我对她说："在咨询过程中，我觉得很紧张，生怕自己犯一点点小的错误，就被你挑剔或批评。"然后她的反应就是："曾医生，跟你在一起的时候，我的感觉也是一样的，我生怕我做错什么事情，你挑剔我、批评我。"

之后，我们一起讨论了她的童年经历。她的爸爸是高级知识分子，对她要求非常严格，不管是学习、与人交往，还是日常生活中的一些小细节，都对她百般挑剔。她在爸爸面前甚至有这样一种感觉——我没有一件事情做得是对的。

可以看出来，她和爸爸之间挑剔和被挑剔的关系，通过她的人格带到了我和她的治疗关系中。在跟我的关系中，她会担心我挑剔她。同样，我也会觉得她可能随时挑剔我。

需要强调的是，在潜意识层面，无所谓挑剔和被挑剔。也就是说，她曾经是一个被挑剔的人，跟她在和治疗师的关系中变成不断挑剔治疗师的人，是一回事。

挑剔和被挑剔，在潜意识层面分得不是那么清楚。我们要重视她和爸爸之间挑剔和被挑剔的关系，至于谁是挑剔者、谁是被挑剔者，反而不那么重要。

老师的孩子

有一个男性来访者，在我这儿做了 20 次左右的咨询。

有一天，在我们谈了半个小时之后，他小心翼翼地问我："曾医生，我能不能喝一点你的水？"我的咨询室里放着一个自动饮水机，我当时觉得有点意外，我说当然可以。然后，他拿了一个一次性的杯子，给自己倒了一杯水。

等他坐下来之后，我说："刚才我真的觉得有点意外，因为别的来访者在我这里，他们真的不需要我同意，他们会在咨询开始之前给自己倒一杯水。有的人在跟我谈话的中途，如果觉得口渴了，或水已经喝完了，他们也会站起来去自动饮水机接一杯水。但是你呢，好像我们已经谈了 20 次，你还要征求我的意见，才去自动饮水机接水。"

我不知道，他的这种表现是否有意义。

他说，小时候，他妈妈对他要求特别严格，每天都板着脸，对他基本上没有微笑，更别提拥抱他了。他妈妈，也是他的班主任老师。

我想起很多这样的案例，自己是老师，然后把孩子放到自己的班上，或者自己的学校里做学生。从心理学的角度来说，这是一种不太好的做法。因为这会给孩子这样一种感觉——我不知道妈妈和老师有什么区别。这会导致很多的问题。

我们不妨设想一下，这个孩子在跟他"班主任妈妈"打交道的过程中，他心里的想法是什么。比如，这个妈妈工作和生活之间的边界也不太清晰，在家里还摆着一副老师的样子，对自己的儿子严格要求，他当时可能就会有这样的想法——我需要的并不是一个对我进行训练的、严厉的、板着脸的"老师"，而是一个能够抱抱我、亲亲我，给我温暖的"妈妈"。

很显然，来访者现实中的妈妈，没有能力满足他的这些需要。所以他的内心世界是这样的：在我跟妈妈的关系中，我要什么，她是不可能给我的。这种关系转移到了他跟我的关系中。

在武汉那么热的夏天，他出了很多汗，非常渴，需要喝水的时候，他内心是这样的："曾医生可能不会给我，所以我不能找他要。"我成了他心中象征层面的妈妈。

但是那一天，他的确太渴了，或者他觉得我好像不是他妈妈了，他有可能从我这儿得到他当时最需要的东西，于是他就试探性地问我，他可不可以喝一点我的水。然后他没有失望，我的确不是他的妈妈，我说"你当然可以"。

这就是他这种行为背后的意义。

小结

对反移情的处理，治疗师应该：

- 对自己的心理发展及生活事件保持清醒的头脑。
- 不要把来访者的感情往自己身上揽。
- 不要让反移情见诸行动。
- 运用反移情以帮助解释。

第9讲

再谈移情与反移情

曾氏语录：

· 移情是过去的重复，是时间上的错误。

· 每个人都倾向于活在过去，精神分析是要人们活在当下。

心理咨询：一个移情和反移情的过程

做心理咨询，其实是一个移情和反移情的过程：

第一，我小时候曾经被不恰当地对待过，形成了有问题的人格。

第二，我试图改变我的人格，我就去找一个专业的治疗师，希望他能够恰当地对待我。

第三，在我跟治疗师的关系中，我的潜意识会不知不觉地诱导他不恰当地对待我，就像我的父母或者其他人对我那样。

第四，治疗师要顶住被勾引不恰当地对待我的压力，坚决不要不恰当地对待我。

你是胆小鬼，不如死了算了

有一个中年男性来访者来找我，他有惊恐障碍，具体来说，就是惊恐经常性发作。比如，走在大街上，当很多人在他旁边走过时，他就会有一种濒死感，觉得自己的心跳马上要停止，或者脑卒中倒下去，而周围都是陌生人，没有人管他。

他不断地向我描述他怕死的这些经历时，我觉得有点烦，然后我就把他训斥了一顿。我说："你向我呈现的就是一个胆小鬼的形象，一个男人如此怕死，真的会让别人瞧不起你，而且你自己都会瞧不起你自己。死了就死了，有什么了不起，像你这样，整天在那里怕自己死了，真的还不如早点死了算了，20年之后，又是一条好汉。"

我说这些话的时候，一个声音告诉我，我说的每一句话都是错的。但我还是没法克制训斥他的冲动。于是，我犯了一个错误。

我们运用移情和反移情过程的四个构成，来解析一下这个案例。

这个中年男性小的时候，曾经被不恰当地对待过。他爸爸是军人，军人对自己的要求就是要勇敢。他爸爸看不到自己身上的不勇敢，所以把这些不勇敢投射给了儿子，每天都指着儿子说："你怎么这么胆小，你长大之后会变成一个懦夫，贪生怕死，活在这个世界上没什么用。"在常年暗示之下，他真的变成了一个怕死的人，经常有惊恐发作的症状。

也许，这个来访者潜意识里会觉得："我并不是这样的人，我之所以变成一个怯懦的人，是因为爸爸需要我变成一个怯懦的人，以衬托他的勇敢。"所以他想找一个治疗师，让治疗师帮助他看清楚自己到底是一个什么样的人。

他来找我的时候，希望我不要像他爸爸那样不恰当地对待他。但是，在他潜意识强有力的不断勾引下，我没有坚守住不会不恰当地对待他的诺言，在那一瞬间真的被他勾引，认为他是一个怯懦的人，然后像他爸爸那样不恰当地对待他，而且训斥了他："你是一个胆小鬼，不如死了算了。"

我就要给你打 100 分

一个女性来访者，跟我进行两三次访谈后，对我说："曾医生，你能不能评论一下我？"

我说："怎么评论？"

她说："假如一个很糟糕的女人是 0 分，一个完美无缺的人是 100 分，你给我打多少分？"

我体会了一下我当时的感觉，我不愿意做这样的事情。但她接着说："曾医生，你一定要回答我这个问题，因为这对我很重要。"

我又增加一种感觉，我好像需要把自己变成一个非常挑剔的人，用放大镜去看她有哪些缺点，有哪些优点，然后把优点综合起来看占百分之几。

我觉察到这一点之后，回答说："我给你打 100 分。"

她听后有短暂的高兴，然后又说："曾医生，我知道你这样说是为了鼓励我，其实你如果给我打 95 分，我会觉得非常高兴，因为那表示你说的是真实的。"

我对她说："我给你打 100 分也是真实的。我把你当成一个完整的人来看，我没有把你这个人分成好的和坏的。我只是把身体看成老天爷制造的一个完美无缺的产品。如果你是一个残疾人的话，我绝对不会因为你某一个部分残疾，而给你减分。因为残疾也是你作为完整的人的一部分，只不过那个部分从功利的角度来说，被削弱了而已。"

我还紧追了她一句："如果你碰到一个身体和精神都有残疾的人，你会瞧不起他，你会给他打很低的分吗？"她说她不会。

这个来访者要我给她打分，就是想把我塑造成当年很功利地看待她的爸爸妈妈。当年爸爸妈妈给她传递的信息是 —— 你一定要优秀完美，这样你才配得上被爱。

我给她举了一个例子。我说，有很多老人已经没法工作了，从功利的角度来说，他们应该死掉。但是我们都不会这样想，我们不会想他们老了没用了，他们作为一个人，完整存在下去的价值还是 100%，没有丝毫减少。

在这次访谈中，我的反移情就是我被勾引或者逼迫到要对一个人进行功利的评判。也就是，我要评论一个人的什么东西是有价值的，什么东西是没价值的；哪些是优点，可以保留或发扬，哪些是缺点，应该被抛弃。

如果我没有觉察到我这样的反移情，直接给来访者 90 分的反馈，那么她以后就会带着对自己有 10% 的缺点的厌恶活着。这样，她可能一辈子都处在一种对自己不是完全满意的状态中，即内心冲突的状态，这会消耗她很多能量。

我把这个问题当成反移情来处理的时候，我就知道她想把我拉回到过去，使我像他的爸爸妈妈那样，对她提功利的要求。

也就是说，你如果不好的话，我就不爱你，你如果是 90 分，我就爱你 90%；任何时候，不管是因为考试，还是因为人际关系，或是因为一次车祸，如果你的功利价值降低到 20% 的话，那么我就只爱你 20%。这种爱，叫作功利的、有条件的爱。

她勾引我用挑剔的、功利的，甚至是势力的方式来对待她，我抛开这种勾引，直接用"你是老天爷完美的创造品"的态度打分，给她100分。她以后就能够跟自己不完美的部分和平相处，处于内心和谐的状态。

处理两种反移情的原则

反移情有两种，互补性反移情和一致性反移情。

前文讲过，一致性反移情相当于共情。这里我们着重定义一下互补性反移情：在治疗师跟来访者的关系中，治疗师感受到他的原始客体对来访者的感受，并且像来访者的原始客体那样不恰当地对待来访者。

对前面提到的惊恐障碍来访者，如果我以教训的口吻说："你应该做一个勇敢的男人，如果你不是勇敢的男人，而是一个怯懦的男人，那还不如死了算了，20年之后又是一条好汉。"这叫作互补性反移情。我当时呈现的态度，实际上是在扮演他做军人的爸爸，以指责他的角色补充进去，成了他早年关系中的一部分。

在这个案例中，一致性反移情可能是这样的，我理解他作为一个小男孩的感受："我作为人有怯懦的部分，但是也有勇敢的部分。勇敢部分，你作为爸爸，应该也看得到。"我跟来访者有同样的对爸爸的愤怒，这样的反移情，就是一致性反移情。

处理互补性反移情和一致性反移情的原则是，发现自己有互补性反移情的时候，要试图寻找一致性反移情。

生活中的移情和反移情

令狐冲是品酒大师

可以说，令狐冲是著名的精神分析师。

《笑傲江湖》有这样一个片段：令狐冲去西湖，见到了西湖四子中的丹青生。这个人是好酒之徒，他很喜欢令狐冲，就把令狐冲拉到他的酒窖里去。

令狐冲说道："这西域吐鲁番的葡萄酒，四蒸四酿，在当世也是首屈一指的了。"丹青生眼睛发光，从一个木桶里给他倒了一杯酒："我这吐鲁番四蒸四酿葡萄酒密封于木桶之中，老弟怎的也嗅得出来？"令狐冲一品："这酒另有一个怪处，似乎已有一百二十年，又似只有十二三年。新中有陈，陈中有新，比寻常百年以上的美酒，另有一番风味。"

丹青生哈哈大笑，说令狐冲真是高手，并告诉令狐冲，这是他用三招剑法向一个西域大侠换来的秘诀。"我跟你说，那西域剑豪莫花尔彻送了我十桶三蒸三酿的一百二十年吐鲁番美酒，用五匹大宛良马驮到杭州来，然后我依法再加一蒸一酿，十桶美酒，酿成一桶。屈指算来，正是十二年半以前之事。这美酒历关山万里而不酸，酒味陈中有新，新中有陈，便在于此。"

不过，一般的高手不一定能品得出酒里年份的层次，只有像令狐冲这样的绝顶高手，才能够品出来。

令狐冲实际上做的就是一个精神分析师做的工作。当一个人出现在面前的时候，精神分析师可以用自己的专业知识和临床经验，"尝"或"闻"出来，这个人的人格发展停留在什么水平。

我们来看一看，在令狐冲品酒这件事中，来访者的移情、治疗师的反移情和治疗师的移情分别是什么。

这种酒的两个生日，一百二十年和十二三年，这是移情。酒的纯度信息、产地信息，铺天盖地而来，刺激了令狐冲的舌头。这个过程，就是精神分析所说的移情的过程。

令狐冲受过训练的舌头感觉到的东西，就是精神分析中所说的反移情，即被移情勾引或者唤起的感觉。所以，令狐冲没有必要像猜谜一样地猜丹青生什么时候去过西域，然后他在那里干了什么，他只要知道自己舌头的感觉就足够了。

有人可能马上会说，如果令狐冲在品尝酒之前，吃过武汉的鸭脖子，鸭脖子非常辣，那么他对酒的刺激的敏感度就会下降，残留在他舌尖的鸭脖子的麻辣味道，会掩盖葡萄酒传递的信息，他就可能不是一个绝顶的品酒员。的确是这样。吃鸭脖子，实际上就是让自己的舌尖变得不那么敏锐的过程，这就是精神分析中所说的治疗师的移情。

这个故事也告诉我们，一个好的精神分析师，应该对自己足够了解，应该很好地解决自己的移情，然后才能够用他的"舌头"，更多地回应来自来访者的刺激。

对爸爸的忠诚

有一个 30 多岁的女性来访者到我这儿来做咨询。我对她的判断是，她处在严重的抑郁中。

她说，虽然她爸爸年纪很大了，她的孩子也已经 10 岁，但她现在还非常仇恨她的爸爸，说起她爸爸的时候还咬牙切齿。

她给我介绍过她的早年经历，她的爸爸对她非常不好，经常打骂她。爸爸酗酒后打她，也打她妈妈，她父母早就离婚了。每年过年的时候，她带儿子去见她爸爸，也是最多 10 分钟时间就把她儿子从爸爸那里拉走。

她找男朋友的时候，心里想，我一定要找一个跟我爸爸不一样的人。她考验过她的男朋友。有一次，一桌人一起吃饭，她当着所有人的面，因为一个微不足道的理由，打了男朋友一耳光。她男朋友的反应是捂着自己的脸，很惊奇地看着她，没有任何想还手的意思。于是她心里想，他考验过关，以后无论我怎么对他，他都不会主动对我实施暴力。

但是，她对她男朋友非常不满意。她男朋友可以说年轻有为，年纪轻轻就成了很有成就的青年科学家，她却总觉得她男朋友有这样那样的毛病。实际上，我仔细体会了一下，她男朋友身上的那些所谓的毛病，在我这个治疗师身上也或多或少会有。

后来，他们结了婚，家庭气氛非常冷淡，她不断地挑对方的毛病，而她老公总是默默地忍受。

在跟她进行了十几次咨询之后，我对她现在的状态做了一个关于移情的解释。

我跟她说："你现在看起来很恨你爸爸。"

她说："是。"

我说："如果你爸爸到你家去，看到你和你老公冷战，看到你现在总是不开心的样子，我想他可能会很高兴。"

然后她问："为什么呢？"

我说："因为你爸爸小时候对你不好，让你处在一种不开心的、抑郁的状态中。现在你都已经有自己的家了，你还处在不开心的、把家里搞得冷冷清清的状态中。他可能会觉得，你这是对他给你的早年环境的忠诚。"

她说："曾医生，我没太听懂你这话到底什么意思。"

我想了一下，就给她讲了我自己的一个故事。

我是湖北人，在我小时候，家里的炉子上经常蒸着一些烟熏制品。我在德国待了一年，非常想家，那时候联系不像现在这么便捷，于是我就去买了一些烟熏制品，在房间里蒸，让房间里充满烟熏制品的味道。这时，我觉得我身处童年的那个环境中——我父母给我制造的环境空间。

我女儿小时候，我也会在家里制造这样的味道。以后她有了自己的家，我去她家里做客，如果我能闻到她家里散发的烟熏制品的味道，我会觉得非常欣慰。因为我觉得这是她对我给她制造的童年环境的忠诚，表示她爱我。

我说："你和你爸爸实际上也是这样子，小时候，他给你制造的那种冷漠的充满火药味的环境，也好像被你原封不动地搬到了你现在的家庭中。这表示你对爸爸的忠诚。"

她听了之后，好长时间没说话。

过了一个星期，这个来访者再来的时候，我发现她的状态跟以前有点儿不一样。我猜测是因为我给她的这个解释，切断了她跟她爸爸的关系——你作为我的父亲，我可以爱你，但是我没有必要通过让自己保持以前你制造的那种糟糕的状态来爱你，我可以勇敢地过自己的生活。

精神分析一直在做一件事情——让我们过上不被过去所限

定的生活。但是，我们被过去所限定，是潜意识层面的，我们如果仅仅靠自己的智力进行逻辑思考，不可能解决这样的问题。

我们只有真正地知道，我们的潜意识在干什么，我们不能觉察的那个自己在对我们做什么事情之后，才能够切断与过去的连接，更多地活在此时此地。精神分析，让我们有能力更多地活在当下。

在这个例子中我们发现，移情在生活中可以出现，反移情同样也可以在生活中出现。这个女性来访者对她老公百般挑剔、冷漠等，实际上就是移情。她只能这个样子，因为她跟她爸爸的关系就是这样。

她老公是一个阳光灿烂的青年学者。在跟她的夫妻关系中，他感受到的就是我什么都不对，随时可能被老婆挑剔。而且她还拒绝跟他有任何躯体上的亲密行为。

我们体会一下，这个来访者老公的感觉——我怎么找这样的老婆，我恨不得把她暴揍一顿。他有这种感觉的时候，实际上他就不再是这个女性的老公，而是曾经对这个女性施虐的爸爸。她老公的这种感觉，就是一种反移情。

我非常佩服她老公。因为在长达10年的婚姻中，不管妻子如何挑剔，他都保持不对妻子发火，以及不对妻子施暴的底线。而且我们可以看出，她老公，除了做老公外，还扮演了一个岿然不动的、好的心理治疗师的角色。

照镜子，体会移情和反移情

我们可以用照镜子来形象地表述来访者的移情、治疗师的反移情和治疗师的移情三者之间的关系。

治疗师拿一面镜子，光线照到他的脸上，再折射到镜子上，这个光线照射和折射的过程就是移情的过程。治疗师看到的镜子里自己的样子，鼻子、嘴巴、眼睛，还有额头上的一点反光，治疗师对这些由镜子反射过来的光线信息的解读，就是反移情。如果镜子上残留有水蒸气或者手指印，这是治疗师自己没有解决的内心冲突，是治疗师的移情。

案例督导与自我体验

心理治疗师这个职业，离不开案例督导。那么，我们不妨在这里界定一下案例督导的范围。

案例督导所做的工作，不仅仅针对来访者的移情，还包括由来访者的移情诱发出来的治疗师的反移情，以及来访者对治疗的阻抗。而治疗师的移情，是不可以被案例督导涉及的，它应该在自我体验中涉及。

自我体验，就是治疗师完全作为病人，去另一个资深的治疗师那里做治疗，主要解决的是在成长中自己的人格存在的问题。

如果我作为治疗师有个案例需要督导，督导师只能分析来访者做了什么，以及诱导我做出什么反应。我的反应，至少在当时应该被100%地看成反移情。然后再分析来访者对治疗的阻抗。

在督导中，督导师不可以问我，"你父母是什么性格，你跟他们关系怎么样，你自己有什么样的创伤性经历"等。因为这些都是我和我的治疗师要讨论的。反过来，如果我找一个资深的治疗师解决我的问题，处理我的童年创伤，使我的人格成长，那我也不可以跟治疗师说，"我今天想跟你谈一个案例，我觉得我跟这个来访者的关系非常不清楚"。

案例督导和自我体验是泾渭分明的，不可以混淆。否则，我们就发展了双重关系，我们可能在处理我们自己的内心冲突以及来访者的内心冲突时，变得糊里糊涂。

小结

移情的功能：

- 使过去客体关系重现，源于早年生活中的重要人物。
- 帮助回忆既往生活史。
- 帮助理解在所有处境中的个人反应。

反移情的功能：

· 使来访者过去的客体关系重现。

· 来访者的行为所致，不同的人有同样的感觉。

· 掌握并理解反移情是治疗的关键。

对反移情的处理，治疗师应该：

· 运用反移情的愤怒去理解来访者的敌意。

· 检查自己的情感反应，作为了解来访者的心理动力学
线索。

· 当体验到互补性反移情时，要寻找一致性反移情。

口欲期和肛欲期（1）

曾氏语录：

· 婴儿出生时被挤压的过程，就像一次心理和躯体的按摩。

6岁前形成人格的味道

有一个人在广场上唱歌，另外几个人觉得他唱得不好，他们吵了起来。最后，其中一个人把唱歌唱得不好的那个人杀了。

我们分析一下这个杀人的人。他听到一个人唱歌唱得不好，这会激起他自己因为不完美而导致的羞耻感。他为了否认这种羞耻感的存在（因为这种羞耻感让他觉得非常不舒服），所以通过把刺激他产生这种羞耻感的人灭掉，使他好像没有这种缺憾，同时也没有这种羞耻感。最后，导致他受到法律惩罚的后果。

一个人的人格不太独立，他的边界跟别人的边界模糊不清的时候，很容易就会把别人的问题看成自己的问题，然后进行攻击。

三四十年前，我们人与人之间的关系是非常近的。我们经常认为，另外一个人做出什么事情会影响我的荣誉，甚至影响整个民族的荣誉。现在，人与人之间的距离感增大，每个独立的个体的边界变得清晰，如果有一个人在国外犯法，我们多半不会认为他的这种行为构成对我们荣誉的损害。

当然，有些事情我们可能也需要相互绑在一起，比如有很多国外的风景区都用中文写着：请不要随地吐痰，这里是垃圾堆。这当然并不是针对某一个中国人写的，而是针对所有的中国人写的。从这个角度来说，我们需要一种所谓的集体荣誉。

在精神分析视野下，几乎可以说，一切心理疾病实际上都是"发育"的疾病。也就是说，一个人没有充分"长大"，就会出现各种各样的心理问题。

在弗洛伊德的框架中，所有的心理问题都跟性心理的发展有关系。

弗洛伊德把一个人的心理发展过程分成三个阶段：口欲期、肛欲期、俄狄浦斯期（虽然弗洛伊德的人格发展理论有五个阶段，口欲期、肛欲期、俄狄浦斯期、潜伏期和青春期，但是他认为潜伏期和青春期只是前三个阶段的不同呈现）。

弗洛伊德认为，一个人的核心人格是在 6 岁之前形成的。弗洛伊德之所以把 6 岁作为心理发展的最高阶段，或者最后的界限，是因为人的大脑中枢神经系统在 6 岁的时候已经发展完备。

我曾经以为 6 岁是一个太早的年龄。我觉得一个人 6 岁以后，甚至 60 岁之后都可能还有发展的空间。但是后来我觉得，6 岁已经足够"老"了。

口欲期：通过嘴唇感知世界

口欲期，指从 0 岁到 1 岁。意思是，这个年龄的孩子，他们感受自己的身体，或者他们跟外界建立联系主要是通过他们的嘴唇。

老天给人类的最大礼物就是，我们一出生嘴唇就已经发育得非常好，有强大的吸吮力，使我们从母亲的乳房，或者从奶瓶中获得活下去的足够营养。

如果仔细观察孩子跟他的玩具的关系，我们就会发现，一个玩具被他看了、摸了，甚至用鼻子闻了，都不够，最后他还需要把玩具放在嘴里尝一尝，来充分了解这个玩具。

口欲期固着

弗洛伊德认为，当一个人获得快感和建立关系的核心部位是他的嘴唇的时候，代表他处在口欲期。如果一个人已经成年，他的人格发展还有问题，那么他的心理就可能还停留在口欲期。若口欲期得不到有效满足，会在成年后出现下面几种症状。

进食障碍

有进食障碍的人，有不可遏制的吃或不吃的冲动。进食障碍在现代社会发病率越来越高。进食障碍分成三种：神经性厌食症、神经性贪食症、肥胖症。

神经性厌食症是少数可以引起死亡的身心疾病。神经性厌食症在女性中发病率较高。据统计，这样的患者中女性和男性的比率约为9：1，也就是说，10个患者中有9个女性、1个男性。神经性厌食症患者可能枯瘦如柴，身体的脏器功能出现衰竭。女性会停止来月经。如果没得到及时治疗的话，可能会导致死亡。

男性抽烟

以前，我的一个男性朋友要我抽烟的时候，跟我详细地描述了抽烟的愉快感觉：你从烟盒里拿出一支烟来，然后用打火机把它点上，深吸一口，这时候烟雾会刺激你的口腔黏膜和舌尖，你就能够感觉到烟雾的温度和细腻。这几乎是在描述：我们吃第一口奶的时候，奶水对我们口腔的刺激。

很多男性都有这种感觉。当他们面临内心冲突的时候，他们的抽烟量会增加，这是退行到口欲期的典型表现。也就是说，他们想通过这种方式，重温自己当年与母亲的乳头、母亲乳头分泌的乳汁的关系。

女性唠叨

不停地说话，是女性表现出的口欲期的障碍。生活中，我们见过不少人用不停地说话来"虐待"自己身边的人，比如对老公和孩子唠叨。妈妈唠叨孩子，这样的情况多见，而且危害也比较大。

口欲期也是安全感建立的时期，如果口欲期的依赖没有被满足，依赖永远会固着在那里。

肛欲期：控制排便，建立自主感

口欲期之后，就是肛欲期，大约是 1 岁到 3 岁。孩子在肛欲期控制自己的大小便，是最为重要的任务。

有一次，我去一个德国朋友家里做客。

进他家之后，这个德国朋友跟他3岁的儿子说，家里来客人了，你跟客人打个招呼。孩子仰视着我，想了一会儿，问我："你拉了尿没有？"我们当时都笑坏了。

我朋友觉得有点不好意思，跟我解释说："我儿子这个年龄，每天最重要的就是上厕所，早上第一件事情一定是上厕所，上了厕所才做别的事情。晚上妈妈对孩子说的最后一句话也是去上厕所，上了厕所然后上床。"

这个孩子把他自己认为最重要的事情，投射到我这个成人身上。我觉得他真的没有把我当外人，这是我获得的最温暖和最亲切的问候。

到了肛欲期，孩子逐渐开始有"人我概念"。他们开始意识到，原来像"爸爸""妈妈"这种曾经以为是自己可以完全控制的"自己"原来不是"自己"。这会让他们很焦虑。而对大小便的控制，会帮助他们建立自我，不仅关系到他们对自己身体的感觉，还关系到荣誉，关系到跟妈妈的关系，关系到权力之争。

大小便关系到自我

在1岁之前，我们没有办法很好地控制自己的手、脚和排泄，而 1 岁之后，从神经系统和肌肉系统的生理结构上，我们慢慢地可以控制自己，这使我们逐渐有了清楚的自我意识和自我控制感。

大小便关系到荣誉

大小便关系到荣誉的意思是：如果我能够跟其他孩子在同样的时间获得控制大小便的能力，那么我就是健康的，是可以自恋的；否则，就可能引发我的自恋受伤，影响到我跟父母的关系，特别是我跟妈妈的关系。

大小便关系到权力斗争

弗洛伊德非常敏锐地发现，大小便还关系到权力斗争。在人几十年的生命中，我们在权力斗争中使用的模型，跟 1 岁到 3 岁时形成的人际交往模型有关系。

如果完美主义倾向的父母遇上孩子把大小便拉到裤子里，就有可能损伤父母的完美感。父母加强对孩子大小便的控制，会让孩子朝两个方向变化：对自己过度控制，变得过度有条理、过度吝啬等；对自己完全不控制，变得生活非常懒散邋遢。实际上，从心理动力学角度来说，过度控制和过度不控制的本质是一样的。

肛欲期固着

把肛欲期变成了"钢琴期"

有的人给肛欲期起了另一个名字——"钢琴期"。很多父母在孩子三四岁的时候便开始让他们练钢琴，这往往是把对大小便这种生物学过程的控制，变成了堂而皇之的、说得过去的对孩子行为的控制。孩子慢慢长大，功课也慢慢比较多了，如果还要他们花很多的业余时间来弹钢琴，很可能真的会破坏他们的童年。

在临床工作中，我见到过很多童年被钢琴毁了的孩子。他们成年后，有些人变成了相对来说健康的人，但是他们十分厌恶钢琴；有些人变成了严重的人格障碍病人，甚至到了精神分裂症的程度。

尿床是吸引父母注意的方式

我们刚才说到，肛欲期大约是 1 岁到 3 岁，实际上有的孩子从更早的时候就开始了，而有的孩子也会延续到 4 岁以后。比如一个孩子已经五六岁，他能够控制自己晚上不尿床。如果这时爸爸妈妈给他生了一个弟弟或者妹妹，他可能会回到尿床的状态。因为刚出生的弟弟或者妹妹，强势地吸引了爸爸妈妈的注意力，这让孩子感到被抛弃、被忽略了，所以他需要重新呈现吸引爸爸妈妈注意力的行为，就是尿床。

我督导过一个案例，一个女性，她30多岁的时候还尿床。肛欲期的固着时间非常长，以至于她不愿意谈男朋友。因为这是一件让她觉得非常羞辱的事情。

我们深入地分析会发现，她固着的尿床症状，跟妈妈的配合有关系。也就是说，妈妈在潜意识层面，需要孩子通过尿床来引起她对孩子的关注，这是合谋的结果。

相处中出现被控制的感觉

如果在现实生活中，我们跟一个人打交道总是有这样的感觉——我必须按照他的来，如果不按照他的来，要么我会觉得内疚，要么我需要费很大的劲儿来反抗他对我的控制，这就表示对方有一部分心理发展可能还停留在肛欲期阶段。

| 延伸阅读 |

来自文化的限定

按照鲁迅的说法，文化实际上就是一种限定。在人类社会发展的不同阶段，文化对人的限定是不一样的。在过度讲究规则的社会里，文化会制定某一些人对另外一些人有生杀予夺的权力。比如在奴隶社会，奴隶主对奴隶有着绝对的权力，可以杀死、交换、买卖奴隶；在封建社会，君要臣死，臣不得不死。

这些就是典型的、高度的控制。

这些严厉的规则和高度的控制跟肛欲期有很大的关系，或者换个说法，这是人类社会发展的肛欲期。社会越向现代发展，人的独立性和生命权越属于自己，属于大自然，没有任何人有权力随意剥夺他人活着的可能性。

如何让孩子顺利度过口欲期和肛欲期

什么情况下，孩子会固着在口欲期？什么情况下，孩子会固着在肛欲期？

孩子能否健康地度过口欲期和肛欲期，与父母的人格有很大的关系。

如果父母在孩子对自己的依赖方面有失误，比如让孩子过度依赖或让孩子没办法依赖，孩子可能会停留在口欲期。如果父母有追求完美人格和强迫人格的倾向，对孩子的大小便过度控制，或者对孩子的其他言行过度控制，让孩子有动辄得咎的感觉，孩子可能会停留在与控制有关的肛欲期。

父母是什么人比父母做什么更重要

科胡特曾经说过一句话：父母是什么人，比父母做什么更重要。

　　父母的人格如果相对比较健康，是比较好玩的人、比较放松的人，那么他们即使有时候做一些看起来不太正确的事情，对孩子的人格也不会有太糟糕的影响。

　　父母如果人格有问题，比如过度依赖或者过度控制，那么他们怎么做都可能会散发出不健康的味道。孩子如果在这种不健康的味道中长大，其人格往往也会出现同样的问题。

　　如果父母的人格不太健康，他们即使都照着育儿教科书做，也会变味，还有可能导致孩子出现更大的问题。

　　确实，父母有什么样的人格，比父母在某一件事情上具体怎么做，要重要得多。比如什么时候给孩子断奶、什么时候跟孩子分床睡、孩子犯了错误怎样惩罚、怎样给孩子灌输基本的规则，所有这些都没有父母的人格重要。

　　我们可以从弗洛伊德人格发展阶段中的口欲期和肛欲期来判断，父母的人格是否健康。

　　首先从口欲期角度来说，就是关于依赖和独立的问题。如果父母人格相对独立，也有能力依赖别人，也就是他们内心足够安全，可以放心地依赖别人，那么他们的人格就是健康的。

　　其次从肛欲期角度来说，如果父母既能很好地控制自己和他人，同时又能够对他人放心，处于需要控制就控制、不需要控制就不控制的灵活状态中，那么他们的人格就比较健康。有这样的父母，孩子自然而然也会人格健康，不需要人为再做什么。

再次强调，父母、爷爷奶奶、外公外婆具体怎么做真的不重要，重要的是父母的人格给孩子制造的成长氛围。

我们见过很多这样的情况，孩子跟父母关系很疏远，跟爷爷奶奶或外公外婆关系很近，他们一样可以有健康的人格。

也有这样的情况，父母关照孩子，爷爷奶奶和外公外婆也关照孩子，但是父母与爷爷奶奶、外公外婆这两辈人，对孩子都有高度的控制。也就是说，孩子要面对6个大人的控制，孩子会变得非常糟糕。特别是在这两辈人本身就具有口欲期或者肛欲期发展方面的问题时，他们对孩子的控制甚至会让孩子得精神分裂症。孩子不知道怎么做，才能够满足6个人的需要，最后只好分裂了。

既要有边界，又要有留白

这里，我们有两个建议。

（1）小家庭应该守住边界。

我们认为，想让孩子有健康的人格，要尽可能地让孩子生活在父母跟孩子组成的三角形中，最好不要把范围扩大到祖辈。比如关于孩子的重大决策，必须由父母做出决定。如果把它扩散到祖辈们那里，相当于受到过多的外部因素干涉。

一个家庭就像一个"国家"，打破父母跟孩子组成的三角形，就像一个国家的内政被干涉了一样，显然这个国家就没办法发展好，这个国家必须有独立的边界，凡是属于内政的，其他国家都不可以干预。

（2）少控制，多留白。

在孩子的教育上一定要留白。就像绘画一样的，一张白纸都画满，画的品质可能并不高。齐白石在一张很大的纸上，画了几个淡淡的虾，可却价值连城。很多时候，留白，反而会有意想不到的惊喜。

孩子的成长过程中，一定要有空间，让他可以自己跟自己玩，可以到外面跟别人玩，而不是整天只能待在父母身边。

关于心理健康的一个绝对标准就是一个人的社会化程度。如果父母过度关注孩子，孩子只有跟父母打交道的经验，没有时间跟家庭之外的人玩，就没有新的客体经验，他内心世界的规模就会变得很小，而这直接等于精神不健康。

| 延伸阅读 |

《金刚经》可摇晃固着

有一段时间，我每天都靠读《金刚经》度日。那段时间我状态不太好，处于白天睡觉、晚上失眠的状态，我觉得《金刚经》真的给了我很大的帮助。

十多年过后，再读《金刚经》的时候，我发现《金刚经》

只对肛欲期有问题的人有用。也就是说，《金刚经》只对过度控制自己和他人的人有用，因为它的语言句式是这样的：这个东西是这个东西，所以这个东西不是这个东西，所以这个东西是这个东西。

这就相当于把对一件事情的判断，做了一个摇晃：首先它是它，然后我把它放在不是它的位置，再把它放在原来的位置。这就是让我们换一换角度，从不同的角度来看问题，对肛欲期的偏执状态有很好的治疗意义。

神经症病人却是：我不确定这个东西到底是不是这个东西。所以神经症病人已经处在《金刚经》所要求的人格的最高境界——不确定——他可以是他，也可以不是他。因此，对神经症病人，《金刚经》的作用就要小很多，甚至几乎无用。

当然，这跟《金刚经》产生的年代也有关系，《金刚经》是两千多年前人类社会的产物，那时候可能我们都处在肛欲期的阶段。

在此，顺便提一下，我们对待祖先智慧的态度。

现在有一种倾向是把人类现代社会所获得的知识、技术全部回归到以前，无限扩大我们祖先所理解的那些事物的范围。实际上，当年他们在阐述一件事情的时候，框架并没有现在这么大。然而，当祖先的认知范围被无限扩大之后，我们在使用的时候还得把现在的框架进行压缩，使其适应我们祖先说的那些话，这显然是逆潮流而动的。

我认为祖先研究出来的东西，应该是我们现在所研究出来的东西的一部分，而不应该是相反的——我们研究出来的东西是祖先的一部分。如果我们把所有创造发明都归功于老祖宗们，或者把现在的东西都放到他们的框架里，估计他们会气得想活过来。实际上他们不高兴我们这样做，但是潜意识里也有可能高兴我们这样做，因为这表示他们很厉害，几千年之前就知道我们现在研究出来的东西只不过在他们的模式里而已。但这是反进步的。

小结

- 精神分析视野下一切的心理疾病，实际上都是心理发育的疾病。
- 进食障碍是典型的人格发展停留在口欲期。
- 大小便谁说了算，这是一件关于权力斗争的事情。
- 科胡特说，父母是什么样的人，比父母做什么更重要。

口欲期和肛欲期（2）：控制和自我边界

> **曾氏语录：**
>
> · 机械、固执、呆板等人格障碍，一般是肛欲期的问题。
>
> · 所有人都会在轻视他人时很迟钝，被他人轻视时很敏感。

越守边界，越自由

"吃里爬外"就是成长

很多父母非常担心孩子过多重视其他人后，自己会被抛弃。

比如孩子上了幼儿园，或上了小学之后，会觉得学校老师和同学说的话比父母的重要。在这个阶段里，人格不健康的父母会觉得，老师和同学说的话像"圣旨"，我们作为你的亲爹亲妈说的话你当耳旁风，你这简直就是吃里爬外。

从人格健康角度来说，这种"吃里爬外"是一种与父母分离的自由，是一种成长。

房间乱，是为守护"国土"

孩子小时候把自己房间弄得很乱，似乎好多事情不能自己做，实际上是在勾引父母。这是一种"语言"，孩子想表达的是：爸爸妈妈，这件事情我搞不定，你们来帮我吧。如果父母真的帮他做了，他这一辈子估计都养不成自己收拾房间的习惯。

在整理房间这件事情上，如果父母过度干预的话，孩子在整理房间的时候就会想"这件事情不是我要做的，而是爸爸妈妈要我做的"。如果孩子听父母的，孩子就成了他们的一部分，这样会直接攻击孩子对独立的需要。

人格健康的父母会有意跟孩子的这种乱保持距离，也就是说，我不上你的当，你勾引我管你自己应该管的事情，对不起，我说不。这样，孩子就会知道：原来爸爸妈妈不愿意进入我的"国土"。所以，收拾房间成了孩子自己边界范围内的事，他会觉得"我做这件事情只不过是我自己要做的"，这样就不会损伤孩子的完整感。

忽略安全，是为独立性不受侵犯

有一年暑假，我带着我的女儿和女友一起，全国各处旅游。旅途中，我哥哥经常打电话给我。以我对他的了解，以及对我们的关系的了解，我知道他只会跟我说一件事情：开车一定要注意安全，能不开就不开。

他一说要我注意安全，就会让我非常愤怒。而且不管我多愤怒，让他不要再提安全的事情，他都没办法克制。于是，我变得越来越胆小。我不敢再接他的电话。

关于我自己的安全问题，如果被别人过多提醒，那么在真正遇到需要采取紧急措施规避危险的瞬间，我的心理活动可能会非常复杂——如果我采取注意安全的措施，我就受了你的指挥，这让我的自我边界、我的独立性受到侵犯，就成了我听你的，那我就不是我了，我会不舒服。而且，你总是跟我说要注意安全，这让我愤怒，我有意地不注意安全，来保持我的自我边界。我用这种方式来对抗你，使我有独立自主的感觉。

在高速公路上，一旦出现危险的瞬间，我心里这些较劲的想法可能真的会导致车毁人亡。所以我哥哥总提醒我注意安全的做法，从潜意识来说有"谋杀"的味道，而且这种"谋杀"一直都在。

毛病不改，是为保持连接

有一个 50 多岁的女心理咨询师对我说："小时候我爸爸说我把东西弄得很乱，不停地唠叨我，还说即使我以后嫁人了，如果还保留这个坏习惯，他也会说我。"

事实确实是这样，这个女咨询师一直保持在家里不收拾的习惯。现在，她的儿子都 20 多岁了，也整天说："妈妈，你是一个不会收拾的人。"

我对她说："你跟你爸爸关系真的很好，因为你爸爸在你早年时跟你的连接就是靠你留的'后门'——不收拾，他不断地说你要收拾好，好让你以此跟他保持连接。如果你变成一个井井有条的人，那爸爸就不见了。你就把他从你的内心或者自我功能这个部分赶出去了。所以，我希望你能够永远保持这样的习惯，以便爸爸永远都在。"

实际上，一个人的很多毛病往往是为了配合别人而产生的。你有一个毛病，就相当于把你的自我功能开了一个口子，他人可以畅通无阻地进来。反过来，如果我们不想让孩子有很多毛病，让孩子更健康一些，我们要做的其实也很简单，就是把他应该对自己负责的所有事情都交给他，不要对他做太多干预。

我们要相信，每个人生下来，慢慢发展出自我功能后，是可以进行自我管理的。如果自我管理被他人干预的话，我们的自我管理的功能相当于被他人替代了，可能就会出现很多问题。

没有自由，何谈责任

关于自由跟责任的关系就是：一个越是自由的人，他越能够为自己和他人承担责任。奴隶很难有责任心，因为奴隶处于被压迫被奴役的地位，不是自由的人。

有的孩子在该学习养家糊口的知识和技能的时候不去做这样的事情，给我们的感觉就是他们已经没有办法对自己、对自己的未来以及即将老去的父母负责。为什么呢？因为他们没有自由，他们都是在为别人活着，他们觉得没有必要把所有事情都做得很好。

我们的边界不断被突破的时候，我们就把自己的一部分功能给了别人。如果我们一开始就遵守孩子的边界，让他的全部"国土"都由他一个人来掌控，他自然就会把他的"国土"打理得好好的。孩子会觉得"在那些经历中，爸爸妈妈不会干扰我，所以我可以做得好"，而不会有"你如果不参与进来，我就没有办法把这件事情搞定"这样的想法。

在这个世界上，如果让我们找一样最有价值的东西，不管是真理还是美，或者是最高的智慧，都不是最有价值的，最有价值的应该只有一样，就是自由。可以说，没有任何其他的东西，在绝对价值上超过自由。

有人曾经说过这样一句话：如果我们还想在自由之上附加其他什么东西的话，那么我们只配做伺候他人的事情。

肛欲期的升华

控制和自我边界

有一个男人，系着一条花围巾去网吧，另一个男人看他不顺眼，就跟他打了起来，最后把戴花围巾的人捅死了。

这跟"在广场上唱歌被杀"的例子非常相似，只不过这个案例可能跟同性恋的冲动有关系。

看见别人戴花围巾就不舒服，就把别人捅死，其心理过程是这样的：你戴花围巾刺激了我想戴花围巾的潜意识欲望，使得我感受到自己不男人的羞耻，所以我需要把刺激我不太男人的原因消灭，而原因就是你，你死了，我就不会再被刺激。

实际上，这样的人恰好是对自己的男性身份不确定。如果他确信自己是个男人，别说别人戴花围巾，哪怕别人在做更严重影响男性身份事情的时候，"我是个男人"的认同都不会被动摇。所以，这种行为是他对自己性别不确定的典型表现。

与职业相适应的症状

我曾经幻想过一个所谓的理想的职业分配，就是让所有消防员，或者单位负责消防安全的人员都必须有肛欲期人格障碍的诊断。有肛欲期人格障碍的人，会把事情做得非常漂亮，会让人觉得非常安全。

某地曾经出了一件电梯事故，一部电梯里装了 19 个人，最后从 30 楼摔下来，全部死了。假如这个单位的安全员由有肛欲期问题的人负责，这件事情就不会发生。首先他不会让一部过期的电梯还在那里运行，也不会让那些人把电梯门撬开，更不会让那部电梯超载 7 个人。如果安全员是有神经症问题的人，就怎么着都可以。这显然不是管安全生产的人应该有的人格特点。

这个世界上没有比症状更强大的力量了，我们让某一个人处在某一个位置的时候，我们要考察这个人有没有和这个位置相适应的症状。也就是说，他的症状是不是从事这个职业的人要具备的优点。

肛欲期固着也有好处

假如我是一个肛欲期固着的人，而你是一个神经症水平的人，那么你的潇洒、自由、随意可能会刺激我。所以我要通过使你不要那么潇洒、随意、自由来缓解我的焦虑。我们斗来斗去，最后可能我赢了，然后你按照我的规则来，尽管你肯定也会不舒服。

这就是肛欲期固着的好处。

任何毛病都不是完全只有坏的一面，就像任何优点都不纯粹是优点一样，它们不是在所有地方都是适应的，还得看具体的场景。任何固着都会有一些好处，肛欲期固着可以使我们更好地控制自己周围的环境，以免环境的变化导致我们内心的焦虑。

如果将肛欲期的能量升华，就有可能变成一个非常好的"收藏家"。也就是，我们把喜欢的宝贝全部置于我们的控制之下。这种升华，不管是对我们自己还是对人类社会都是有益处的。

口欲期的升华

话多并不一定是口欲期的表现

从升华这个角度来说，如果一个人有很多口欲期固着的话，他可能会做老师，因为做老师要说很多话。

我最近几年讲课很多，实际上也是口欲期的欲望在不断地升华。也就是，我需要通过口腔来征服这个世界。也许我的养育者本身就有这样的问题，然后我通过认同他们获得了同样的问题。

每个人都倾向于让别人知道自己内心想什么，自己是什么状况。我的养育者可能通过跟我打交道的模式，让我知道他们内心是怎么想的，然后我认同了这个部分。

当然，并不是所有的话多都是口欲期的表现。每个人都渴望别人知道自己内心的感受是什么，因为别人知道我们的感受，会给我们一种"我活着，我正在活着，我活得有价值"的感觉。如果没有人想知道我们内心的感受是什么，我们似乎就没有价值了。

告诉别人我们内心的感受，通常有以下三种方式。

第一种，就是处于俄狄浦斯期或者有神经症问题的，即处于发展比较好的时期的人的表达方式 —— 我告诉你我现在心里很难受。这样，你也就会知道，我现在心里很难受。

第二种，就是人格还没发展到能把自己的内心世界语言化的人的表达方式 —— 我只能通过行为让你知道我多么难受。比如，头痛的时候，我没办法跟你说我头痛，我只能抱着头在那里待着，做出很痛苦的样子，然后你看到我这个样子之后，你就会知道，我头痛。

第三种，就是人格发展得更不好的人的表达方式 —— 我没办法用语言说我很难受，也没办法做出动作让你知道我很难受，而是通过让你同样难受的方式，来"告诉"你我这样难受。

我们有一次从安徽的六安市去上海，平时估计最多20分钟就能上高速了，但是那段时间六安市到处都在修路，我们就绕路走，开了半天车走到一个地方，前面路断了，然后再开到另一个地方，又被堵住了，以至于出六安市这样一个小城市用了两个小时。当时我们要赶往上海去参加一个会议，所以非常焦虑和不舒服。

如果我现在用前两种方式来告诉你，你肯定不能深切地体会我们当时那种难受的状况。我只有直接把你带到那个地方，给你一辆车，让你在那里转两三个小时都出不来，你才能真切地了解我们当时有多难受。

充分表达自己、丰富他人的演讲家

一个演讲家，每年做很多演讲，他的问题有可能不是口欲期的问题，而是肛欲期的问题，甚至是神经症的问题。而一个很唠叨，用语言来虐待别人，或者语言经常空洞无物的人，更多的是口欲期的问题。

一个人如果能够通过语言充分地呈现他内心的风景或者爱恨情仇，可能不是口欲期、肛欲期，而应该是俄狄浦斯期的状态。我们认为，一个人的人格发展的最高境界就是能够用语言来充分地表达，而不是语言空洞无物，或者用语言去虐待别人。

　　像希特勒，他演讲是为了更好地控制国家，让国家的人民都支持他发动战争。如果从这个角度来说的话，那他可能是肛欲期的问题。

　　我们要看表达的目标是什么，如果一个人不断地说话是为了谈恋爱，就是典型的俄狄浦斯期的冲突问题。谈恋爱需要表达情感，而且这种表达不会让别人有不舒服感。

　　总的来说：话多并不能断定就是口欲期的表现，还要看是否有表达效率，说的话是否让人觉得舒服。如果一个人说的话总是让人不舒服，那他可能是口欲期的问题，也可能是肛欲期的问题。

与毛病和平相处

让你不舒服的人，可能是你学习的榜样

　　在现实生活中，我们会遇到不少这样的人，我们一跟他打交道，他就会让我们不舒服。如果我们懂精神分析，我们就会知道，原来这个人之所以让我们不舒服，是因为他没办法用语言告诉我们他怎么不舒服，他只能通过把我们整得跟他一样不舒服的方式，来告诉我们他正在经历怎样的不舒服，或是过去曾经怎样不舒服。

　　如果别人让你不舒服的时候，你不采取让别人更不舒服的

打击报复的方法，而采取理解的方式的话，你跟别人就分离了，你就处在一种不跟别人纠缠的状态。这表示你有足够独立的人格。

回到"在广场上唱歌被杀"的那个例子，你看见一个人可以在大庭广众之下用糟糕的声调唱歌，而且还可以怡然自得，如果你有独立的人格，你可能会欣赏这个人，原来他能如此跟自己的毛病和平相处。那么，这个人就不会被杀死，而是可以作为榜样来学习的。

每个人都是带着毛病活着

我们所有人都需要带着自己的毛病以及这些毛病附加的羞耻感活着。

处于严重的口欲期固着的人，他的自我是不是松散的？实际上，恰好相反。

有前俄狄浦斯期问题的人，他的自我是和谐的，像一块铁板般稳定。跟这样的人打交道的时候，你会发现他跟自己和谐，但是跟外界不和谐。你还会有种感觉：你好像对他的问题插不上手，不管你怎么做，都没办法扰动他。

神经症病人就不一样，他内心的冲突很多，整个自我是散的。你会觉得你可以帮他。尽管他的内心非常冲突，但是他跟社会基本上是和谐的，很少会做出反社会人格的人做的事情。

口欲期依赖和肛欲期控制

任何人都会有口欲期或肛欲期残留症状

可以肯定地说，一个人不管多么健康，他内心都会有口欲期或肛欲期的残留部分。

我有一些强迫性的症状，实际上就是肛欲期的残留。有一次，我比较紧张地带着我女儿过马路，旁边就有人说，你怎么做得这样强迫啊。然后我开了句玩笑："我在用我的症状保证我女儿的安全。"当然，我知道这有防御的味道。

某些时候，我对他人过度信任，因为我觉得好多事情我做不了，需要交给别人做，当然别人也愿意做，这可能是口欲期依赖的部分在起作用。我觉得，这是我需要和别人连接，才能做的事。

口欲期依赖越满足，越独立

处于口欲期的人会依赖什么客体？当然，最开始永远都是依赖我们的养育者，比如孩子首先会依赖妈妈。但是如果妈妈本身就有依赖方面的问题，比如妈妈有巨大的情感隔离，这样就会让孩子感觉到，"这个人我靠不住"。为什么呢？因为妈妈没有给孩子在情感上能够依赖的、足够鲜活的、强大的支柱。这时候，孩子可能需要转而依赖自己，或者依赖另外一个人。

可以说，我们的依赖没有被满足的时候，依赖会永远在那里。如果早年我们的依赖被满足了，我们就不需要依赖，一个人独立地活下去。

从依赖这个角度来说，我觉得一个人只要坚守两点，就可以活得很好。

第一个信念：我已经是成年人。

很多人不依赖任何人就可以活下去。但是也有很多人，他们已经成年了还会隐隐地觉得，如果没有一个人可以依赖的话，就活不下去。这实际上是口欲期的问题在作怪。

比如一个人在谈恋爱的过程中，他感觉到会被对方抛弃，那么他的情感体验可能就是"我活不下去了"。有人真的因为这个自杀了。其实，成年人就算不依赖别人也是可以活下去的，这是一个人活着要具备的首要基本信念。

第二个信念：我有能力寻求别人的帮助。

作为一个成年人，我有能力让别人帮我。也就是，在必要的时候我没有必要一个人硬撑着。我能让别人帮我点忙，可以使我活得更加容易一些。

依赖他人其实是为了控制

假如我们工作的时候把一个婴儿放在身边，我们就可能全部被他控制了。

我们要时刻关注他是不是热，出了汗是不是要给他擦一下，他多长时间没有吃东西了，是要找一个哺乳期的人来喂一喂他，还是我们去买奶瓶、买奶粉，然后喂他，还要反复考虑奶粉是进口的还是国产的，等等。那么，我们就没法干活了。

可见，最早期的依赖是为了控制。

那么，一个人成年后还对另一个人有很多依赖的话，实际上也是婴儿般的幻想在起作用：我依赖你，然后你被我控制。但是，对方不一定会配合。对方看你是一个成年人，他就会想"没有我你也可以活下去"。他不会想到，你内心婴儿的部分，也就是"没有你我活不下去"的部分没有被满足。

一个人需要婴儿般的呵护，另一个人说"你不是婴儿，你是成人了，我凭什么像呵护婴儿一般呵护你"。所以，两个人之间可能就会有冲突。成人之间的冲突往往就是这样产生的。

不管是从来源来说，还是从功效来说，依赖都是为了控制。一旦一个人理解到，自己内心原来还有一些残留的、婴儿般的，通过依赖控制他人的愿望的时候，他立即会觉得自己长大了一点。这也是精神分析的工作，就是把潜意识意识化，一旦一个人有了这样的觉察，这个人就不再是以前的那个自己。

当然，有时候依赖的惯性可能会持续一段时间，但是这已经不是致命的了。

打破肛欲期的控制

肛欲期的控制源自口欲期孩子对妈妈的控制 —— 如果没办法控制我的饭碗（妈妈的乳房就是孩子的饭碗），那我就会饿死。所以孩子没有把重点放在如何控制自己上面，而是放在他唯一的食物来源 —— 妈妈的身上。

这显然是固着在早期的状态，但是作为成人的话，我们要知道，不是要控制一个女人，我们才能够活下去，而是能依靠自己或者其他人，就可以活下去。

小结

- 从健康这个角度来说，孩子"吃里爬外"就是成长。
- 一个人的很多毛病往往是为了配合别人而产生的，一个毛病，就相当于自我功能开了一个口子，然后他人可以畅通无阻地进来。
- 如果一个人说的话总是让别人不舒服，那么可能是口欲期的问题，也可能是肛欲期的问题。

俄狄浦斯期

曾氏语录:
· 一切神经症问题都是俄狄浦斯期的问题。
· 处女情结是一种俄狄浦斯情结。

分离越彻底，孩子越健康

我们发明像"早恋"这样的词汇，其实对孩子来说是不公平的。很多父母，孩子没到结婚年龄前往往会严厉禁止孩子跟异性交往，孩子一到结婚年龄又会强迫孩子尽快跟异性进入亲密关系。很多人从来没有练习过，直接就进入这种状态，这会导致很多问题。

孩子和别人的亲密关系出问题，实际上很可能是因为父母希望孩子在亲密关系中出问题——如果你没有办法和别人建立亲密关系的话，那你就只有守着我了，我就体会不到被抛弃的焦虑。

所有的爱都是为了在一起，只有父母爱孩子是为了跟孩子分离。从心理学角度来说，孩子在心理层面上将父母抛弃得越彻底，就越健康。不过做到这一点，首先需要父母有强大的自我功能。

俄狄浦斯情结

在经典的精神分析范围里，一个人人格发展的最高阶段，就是俄狄浦斯阶段。

俄狄浦斯的故事：干掉竞争者，会有惩罚

这是一个古希腊故事。

俄狄浦斯的父亲是拉伊俄斯国王，母亲是王后。在母亲还怀着他的时候，他们就找天神问这孩子以后会怎么样，没想到天神说出了惊人的预言：这个孩子成年以后，会杀掉父亲并且娶母亲为妻。国王和王后听后心生恐惧，孩子一出生就把他丢弃。机缘巧合之下，孩子被邻国的国王夫妇收养。

孩子长大后，听到这个预言，为了避祸离开了这个国家。

但他并不知道，他离开的只是他的养父母。去国而逃的路上，他正好遇到了因斯芬克斯之祸全城陷入恐慌而出城求救的拉伊俄斯国王，也就是他的亲生父亲。双方狭路相逢，互不相让。俄狄浦斯把拉伊俄斯国王杀了，后来又娶了当时美丽的王后，也就是自己的母亲为妻，还跟母亲生了两个孩子。

后来，俄狄浦斯知道自己杀父娶母，做了这样大逆不道的事情，就对自己实施了惩罚，刺瞎了自己的眼睛。

弗洛伊德用这个故事表明，任何一个人生下来，都处在一个三角形的关系中。以儿子为例，刚开始的时候，他和妈妈是融为一体的。后来，他需要向爸爸认同。也就是这个世界上，除了他和妈妈之外，还有第三个人，就是爸爸。但是爸爸是同性，儿子和爸爸之间是竞争关系，竞争的"战利品"就是妈妈。儿子如果过多地赢了爸爸，获得了妈妈的话，可能会产生道德上的内疚感。因为爸爸毕竟也是生他养他的人。

这就是人类发展到现在的一个规则：不可过多地把父亲打败。比如，把父亲杀死并且娶自己的母亲为妻。

但是在这样一场战争中，不赢也不行，因为那样就不可能获得妈妈这个战利品。所有的男孩心里都有这样一种想法：和爸爸决斗，并且赢了他，最后跟妈妈在一起。女孩心里也有和妈妈竞争，获得爸爸的愿望——和爸爸结婚。

我的一个女同事，她的儿子一岁半，刚刚学会走路。这个女同事想逗一逗儿子，于是当着她儿子的面，在床上抱着她老公。儿子从床的另一边爬过来，给了爸爸两巴掌，给了妈妈一巴掌。意思是说：你们不可以在一起，妈妈应该是我的。

大家可以看得出来，这个孩子巴掌分配的数量，向爸爸倾斜，对妈妈的惩罚要稍微轻一点。对妈妈的惩罚可能只是一个警告，对爸爸的惩罚有剧烈攻击的味道。

还有一个非常温馨有趣的例子，一对双胞胎女孩，五六岁，在爸爸左边睡一个，右边睡一个，她们一起跟爸爸说：爸爸，我们长大后就嫁给你啊！爸爸说：那妈妈呢？两个小女孩异口同声地说：妈妈自然就成奶奶了。

关于俄狄浦斯冲突的不同说法

弗洛伊德用俄狄浦斯的故事描述了人类共同的命运，他认为所有的孩子都会有俄狄浦斯冲突。但自体心理学的建立者科胡特却认为，俄狄浦斯冲突不是人类的共同命运，只有当父母应对不好的时候，孩子才会产生俄狄浦斯冲突，处在一种想赢却又不敢赢的状态中。

一个人如果处在神经症状态的话，他的冲突主要就是俄狄浦斯冲突。再次声明，在精神分析的框架里，这个世界上只有三种人：有神经症的人；有人格障碍的人；有严重的精神病的人，比如精神分裂症。在精神分析师眼里，正常人就是神经症，而神经症就是有俄狄浦斯冲突。

俄狄浦斯冲突，主要有以下三对：

第一，对成功的渴望以及害怕成功之后的惩罚。

第二，男和女，当然还包括男和男，女和女，如果有同性爱倾向的话。

第三，关于生和死的问题。

其中，对成功的渴望以及害怕成功之后的惩罚是最主要的。

俄狄浦斯冲突是个相对复杂的概念，不太好理解。如果调动自己的深层感觉来学习，就好理解多了。

举个例子。妈妈对女儿说：为什么我给你介绍的那个博士你不要，那人长得帅、个子又高，你非看上那个长得丑、个子又矮的。妈妈从逻辑上觉得应该找一个各方面条件都好的人，但是女儿想的是，我跟这个人谈恋爱，在一起生活，要有感情，要有化学反应。女儿有这样的认知，就是调动了自己的感觉。

成功和成功之后的惩罚

假如你获得了 1 亿元的奖金，我相信你的感觉会有以下几种：

首先是高兴，甚至欣喜若狂。

同时，我相信，一个人如果获得这样的飞来横财，会有隐隐的恐惧。他会担心，巨大的幸福背后，会有惩罚等在那里。所以，很多人为了应对心里那种自然而然出现的恐惧，会选择从 1 亿元里拿出 100 万元接济那些生活得不太好的人。

这就是弗洛伊德所说的，在巨大的幸福来临的时候，会等着一个类似"挖出眼珠子"的惩罚。如果捐出 100 万元，就相当于惩罚完成，就可以安心享受剩下的 9900 万元，相信绝大多人都会这样。

我们都想获得巨大的成功，同时又害怕成功之后的惩罚。有些人正是因为害怕那个一定会如期而至的惩罚，而不让自己过度成功。这个"过度"是针对他自己内心的框架来说的。

父母往往对孩子有严厉的要求。孩子做了对他自己来说比较舒服的事情，比如把东西弄得乱七八糟，如果父母对孩子有非常严厉的语言或身体惩罚，孩子就会有一种感觉：只要我舒服了，就会有惩罚。以后，孩子就会尽量避免去做所有可能让自己高兴的、成功的、舒服的事情。这就是俄狄浦斯冲突。

《易经》与俄狄浦斯冲突

中国文化里也谈到了巨大的成功和成功之后的恐惧。比如《易经》中，乾卦都是阳爻。亢龙有悔，是《易经》乾卦的最后一爻，是郭靖使用的降龙十八掌的第一招。乾卦的初九爻是潜龙勿用，九二爻是见龙在田，九五爻是飞龙在天，上九爻是亢龙有悔。亢龙有悔的意思是，当一个人一味阳光、坚强、成功之后，他一定有所悔恨，就是会有东西在那里阻止他继续这样下去。

《易经》六十四卦，第六十三卦是既济，第六十四卦是未济。为什么最后一卦是未济呢？这实际上告诉我们，到了最高处之后会衰竭。这跟我们实现了梦想之后，可能会有很多自我攻击一样。俄狄浦斯能娶母亲为妻，这种"胜利"实在太大了，所以他需要刺瞎自己的眼睛。

吃羊的故事与俄狄浦斯冲突

听过这样一个故事。

有个县长之类的人物，被提拔到省长的级别，他的亲戚朋友为了祝贺他，给他送了很多礼物，其中就有很多只羊，因为他特别喜欢吃羊肉。

在从县城到省城赴任的路上，他天天都宰羊喝酒。然而他到任不久就死了。于是，他问阎王：我这么年轻，还没干几年，怎么就死了？阎王翻了一下他的生死簿记录，对他说：你在阳间能享受的福分，就 300 只羊。如果你没升官，慢慢吃羊，你还可以活 20 年。但是你最近吃羊吃得实在太多了，提前把 300 只羊的指标都用完了，所以你在阳间活着也没什么意思，就到我这里来报道算了。

（1）300 只羊的指标。

这是一个有着深刻寓意的故事，和俄狄浦斯的故事相似。人有了成功之后，总是害怕紧接着会有一个惩罚在等着自己。300 只羊的定额，不是在阎王的生死簿里，而是在人的内心。也就是说，我们在这个世界上能享受多少福分，是有一个指标的。如果超过了这个指标，就会有恐惧和惩罚在那里等着，于是我们就可能不会轻易让自己达到这个指标。

（2）指标怎么来的。

那么，羊是 300 只还是 500 只，这个定额是怎么来的呢？

这是在早年我们跟父母的关系中形成的。如果父母过度打压我们关于愉快、成功、攻击性释放这些本能，我们就总觉得自己不配享受 300 只羊，可能只有 200 只羊。如果父母给我们非常宽松的环境，让我们有独立自主的状态，那么这个定额就可以变得无限大。

（3）精神分析，让指标无限大。

"精神分析"这个词语在拉丁语中的意思是"使解放""使自由"。如果把这个词语用在这个吃羊的故事中，就是让一个人在这个世界上享受的福分越来越大，以至于无限。就是你能活多少岁，跟你享了多少福、取得了多少成就没什么关系。这样，人就能大胆地去追求更多的幸福和更大的成功。

俄狄浦斯期的一些冲突

考试焦虑症

有很多问题，跟俄狄浦斯冲突有关系。考试焦虑症就是其中之一。

考试焦虑症，指的是一个人内心意识到自己非常希望考好，但是潜意识里又害怕巨大成功后的惩罚，所以他就发展出使自己紧张的症状，让自己不要考得太好。

一个有考试焦虑症的马上要参加高考的孩子会说："老师，如果不紧张的话，我就会考得好；如果紧张的话，我就会考不好。"如果你作为治疗师跟他说："你明知这个道理，那就不紧张嘛！"他会觉得你完全没有理解他的心理世界。

精神分析所说的是潜意识部分，是没有办法自我觉察的部分。精神分析对考试焦虑的理解是这样的——意识层面，我希望自己考好，但是考好之后有惩罚，所以我就不考好。这意味着，在潜意识里，我们希望有一个失败的结果，以避免"刺瞎眼睛"这样的惩罚。这和我们平时的思维逻辑是相反的。不是我们太想考好了所以紧张，而是我们本来就不想考好，所以让自己发展出紧张的状态。

产后抑郁症

产后抑郁症是临床上常见的现象。一个女人这辈子能超越妈妈的一种成功就是自己成为妈妈。如果她的人格不太完善，在她用生孩子这种方式攻击妈妈、超越妈妈之后，惩罚会在那里等着——她会得抑郁症，没办法好好活着，也没办法发挥一个妈妈的正常功能。

很多人成功后会出现自我攻击。

比如，一个人考试获得巨大成功后，可能会出现考后抑郁症。奥林匹克运动会也相当于一种考试，如果那些得了冠军的人，没有被记者包围，没有被荣誉包围，没有让他们不断忙碌，那么他们得抑郁症的可能性会非常大。

此外，一个人喝了酒之后，说了好多骂人的话，第二天清醒后肯定会感到后悔。

不管是抑郁还是骂人，都是攻击性的表达，只不过骂人是攻击性向外。

如何避免严重的俄狄浦斯冲突

给孩子营造抱持性环境

如何避免严重的俄狄浦斯冲突？这与孩子小时候父母怎么跟他打交道有关系。

如果父母给孩子的是抱持性环境，而不是动辄得咎，孩子的攻击性和力比多就会不断象征化，长大以后即使他取得了很大的成功，也不会觉得有惩罚在那里等着他。

如果父母对孩子过于严厉，实施很多惩罚，那么孩子就会被全面打压。他会觉得，如果我超过一个限定的成功幅度，就会有惩罚在那里等着我。

孩子配得上所有成功和快乐

我们应该让孩子从小就知道，他配得上所有成功和快乐。而不是让孩子觉得，他享受某种成功和快乐，就要付出相应的情绪上的代价。

我去某地讲学时，见过这样一件事。一对夫妻经营着一个心理咨询和培训机构。他们请了一个保姆，是一个30岁出头的农村妇女。开始的时候，保姆负责给一家三口做晚饭，以及打扫卫生。

后来女老板跟保姆说："我们单位有七八个人上班，中午在外面吃饭，不干净又贵，胃口又不好，你能不能顺便中午的时候给我们单位的人也做一下饭菜？"保姆说："那不行，我从来没有做过超过四个人的饭菜。并且你们单位的人各地的都有，有人喜欢吃辣的，有人喜欢吃清淡的，我不可能让他们都满意的。我不去。"女老板说:"没关系的,你去试试嘛。"在女老板的鼓励下,保姆去试了,并得到了大家一致的欢迎。保姆就继续做。

过了一段时间,女老板对保姆说:"我们单位有时候也会搞一些培训,每次有四五十人来参加。在外面吃饭也不太好,你能不能把这些人的饭菜也做了?"保姆被吓着了,说:"这么多人,买菜需要多少时间,把饭菜做熟又要花多少时间?我一个人肯定不行的。"女老板说:"你还是可以试一试。"她一试,事情做得非常漂亮。

又过了一段时间,女老板说:"干脆这样,我们领个执照,你独立开餐馆,我给你找两个小工帮忙。"这次真的把保姆吓着了,说什么也不同意。女老板自己去领了执照,让保姆当老板,还管两个人。后来,那个保姆把餐馆所有的事情都安排得井井有条,我最后一次去那个机构就是在她打理的餐馆吃的饭。

这就是在一个象征性的妈妈的不断鼓励下,一个象征性的孩子突破俄狄浦斯限制的例子。在现实中,如果我们遇到一个人,这个人的人格足够强大,他可以起到咨询师的作用,他可以替代曾经被我们内化了的妈妈的样子。

我们可以想象,一个30岁出头的农村来的保姆,她妈妈可能连村子都没有出过,她要不断突破妈妈带给她的俄狄浦斯限制，这会引起她非常大的恐惧。但是，当她把女老板当成新的象征层面的妈妈时，她不断突破自己却不会觉得会受到惩罚。因为女老板要比她现实中的妈妈"高"得多。

小结

- 经典精神分析永远在说三个人之间的关系，父母以及孩子——三个人的心理学。
- 客体关系理论谈母亲跟孩子关系不断内化的结果，父亲成了背景——两个人的心理学。
- 自体心理学谈一个人跟自己的关系，妈妈都成了孩子成长的背景——一个人的心理学。

俄狄浦斯冲突、性和死亡

曾氏语录：

· 对有的男人来说，性交是用女人的存在来证明自己的存在。

打破俄狄浦斯冲突的代际传递

被吓死的缩阳症患者

在 20 世纪 70 年代的时候，德中心理治疗学院当时的主席阿尔夫·格拉赫（Alf Gerlach）博士来到中国。当时，在雷州半岛南部和海南岛北部一些村庄里，出现了缩阳症这样一种典型的文化精神病的案例。

每隔一段时间，就有一个谣言在这两个地方的村庄里流传，说天上有一个妖怪下凡到人间，然后附着在青壮年男性的身体上，导致男性的阴茎缩到肚子里，最后死掉。

所以每当这种病流行的时候，在村庄的街道上人们就会看到一些滑稽的场景，比如一个男性拼命地把自己的阴茎往外拽，旁边还有另外几个男性在帮忙。而且，每次这样的疾病流行时都会死几个人。

最后，格拉赫博士及其团队研究发现，实际上这是恐怖症或癔症，这些人死亡的原因不是阴茎缩到了肚子里，而是被吓死的。

好工作面前总出意外状况

格拉赫曾经在法兰克福大学心理咨询中心工作过 10 年，遇到过这样一个案例。

有一个法兰克福大学金融专业毕业的女研究生，26 岁，她去银行应聘。因为她学历比较高，在某家银行笔试是第一名，因而获得了中级管理干部的面试机会。结果第二天早上她没听到闹钟响，因为睡过头失去了面试的机会。

她到另一家银行去笔试，又是第一名。面试当天，她弄了两个闹钟，很顺利地起床，但是在去面试的路上出了小小的车祸，错过了面试时间，这个机会又没有了。

如此一波三折，这个女孩就想，一定是我内心出了什么问题才导致这样的后果，我需要被分析一下。于是她找到了格拉赫博士。

格拉赫博士的分析结果是这样的：她妈妈在银行工作了一辈子，直到退休都是银行小职员，但是她一进银行，就是银行的中层管理干部，超越她妈妈太多了。然后，她隐隐地觉得有一个惩罚在那里等着她。为了避免这个惩罚，她的潜意识就捣鬼了，第一次是让她听不到闹钟的声音，第二次是让她在去面试的路上有点儿神不守舍，出了小车祸。这样，她就让自己得到这个位置不那么顺利。

用见识阻断俄狄浦斯冲突代际传递

我有时候在想，如果这个女孩是在洛克菲勒家族长大的，或者她的爸爸是比尔·盖茨（Bill Gates），那么对她来说，获得银行中层管理干部的职位，真的不会这么一波三折。这就是一件简单的事情，根本不需要潜意识的力量，直接就能拿到那个职位。

对被吓死的那些缩阳症患者来说，同样如此。

从这个意义上来说，俄狄浦斯冲突说的是见识问题。一个人的见识比他有多少知识要重要得多。

见识，可以让我们获得更加解放的人格，而知识只是显示我们在大脑这个硬盘储存的东西而已。就这个女孩去银行上班这件事来说，因为她妈妈在银行里一辈子都只是一个小职员，她不敢超越自己的妈妈，这让她处在严重的俄狄浦斯冲突中。

俄狄浦斯冲突会在代际中传递。从某种意义上来说，这有点像传家宝，从外祖母传到妈妈这里，再从妈妈传到女孩这里。如果没有心理治疗的干预，这个女孩很可能又会传给她自己的女儿。而通过心理治疗的干预，可以让她内心的俄狄浦斯冲突松动一点，这样她就不会把这种冲突像传递传家宝一样再传给自己的孩子。

所以，我们用心理治疗干预某一个人的时候，并不是在干预这个单独的人，而是在干预其整个家族链。这对其子孙后代，都非常有好处。

如果我们靠运气在生活中找一个人，无意中就能把俄狄浦斯冲突的代际传递打破，这个概率实在是太小了。如果我们找一个咨询师来打破代际的强迫性重复，概率就要大得多。

俄狄浦斯冲突与性

俄狄浦斯冲突跟性有非常密切的关系。

弗洛伊德认为，孩子4岁之后，往往就会对异性父母产生与性有关的幻想。这时候超我出现，对他这样的幻想进行打压。

如果孩子处在俄狄浦斯冲突中，他就会有一种矛盾的状态 ——我如果满足自己与性有关的事情，就会对我的同性父母产生攻击；如果不满足的话，又是一种自我攻击。最后，孩子不知道该怎么办了。

在非常严厉的社会环境中，一个人会对性的愿望实施打压。一方面有打压，另一方面有需要，冲突就产生了。

从洁身自好到拈花惹草

《国际精神分析》杂志曾经刊登过这样一个案例。

有一位英国贵族，男性，60 岁。他过了 60 岁生日后，整个人格好像都发生了变化。他以前非常严谨，洁身自好，60 岁后变成了到处拈花惹草的人。

他找很年轻的女孩发生性关系，但他每次事后都很痛苦。家人也觉得他有些不对劲儿，于是找了一位精神分析师对他做分析。

精神分析师对他这种行为的解释是：他现在越来越觉得自己有可能在很短的时间里丧失性能力，并且他坚信在年轻女孩的身体里，已经有一根爸爸的强大的坚硬的阴茎，所以他不断地进去找。也就是，我没有这个的时候，"爸爸"还有。

　　这就是俄狄浦斯冲突。这是在俄狄浦斯关系中，主动把自己置于一个失败的位置——我有可能不行了。"不行了"的意思是，回到童年期不能够从事性活动的状态。

　　这个解释是在精神分析的语境下的潜意识的想法。

生孩子后性冷淡

　　很多女性生了孩子之后，开始性冷淡。这跟俄狄浦斯冲突密切相关。

　　俄狄浦斯冲突对此的解释是这样的：我也做了妈妈，我已经强烈地攻击了妈妈，这满足了我的攻击性的需要。所以，在我已经有如此之大的攻击快乐的时候，我如果再享受性的快乐，这个"剂量"就太大了，我的人格受不了，我怎么两个都要呢？一方面，我攻击了妈妈；另一方面，我还跟孩子的爸爸，也就是我老公享受性。这实在是太过分了，这会让妈妈不舒服的，这会让妈妈得抑郁症的。所以，我不允许自己继续扩大快乐的范围和程度。

　　（1）忠诚于妈妈。

　　我们甚至可以这样说：性快感缺失或者强度不够的女性，她们可能都在用这种方式忠诚于妈妈。也就是告诉妈妈：我现在还没到成年可以享受性的时候，因为我还是你们的女儿，我还是未成年人。她们会觉得：我的身体还是妈妈支配的，还是爸爸支配的，我没有独立使用它来享受的权力。所以，她们往往会拒绝与性有关的快感。

（2）男女之间的巨大错位。

有大量的调查显示：女人35岁的时候，才达到性体验的最高潮，而男人是17岁。老天安排了一个巨大的错位，就是在男人慢慢衰竭的时候，碰到了女人的上升渴求。

我们无法猜测大自然为什么会做这样的安排，可能性之一是跟社会环境有关系。比如在一个非常压抑的社会环境中，很多女性也许一辈子都享受不了与性有关的快感；而在一个开放的社会环境中，不少女性能充分享受性快乐的年龄要大大提前。

将非血缘关系血缘化是种防御

当一方对另一方有性要求的时候，另一方说，我没有把你当成性伴侣，我只是把你当成亲人。比如当成女儿、儿子，或者爸爸，或者妈妈，这实际上是在表达：我们既然是有血缘关系的亲人，我们就不应该有性活动。这是防御的一种，利用了制造俄狄浦斯冲突的社会规则。

在心理治疗的具体实践中，也会遇到这种情况。比如，一个年轻的男性来访者，对一个年纪比较大的女性治疗师有性幻想。这看起来与性有关，实际上有可能是婴儿般的依恋，跟性没有什么关系。

我们在谈论俄狄浦斯冲突的时候，可能会忽略问题所导致的与性有关系的色彩，而更重视事情关乎的成功和幸福的尺度。其实，抽象的成功和幸福的尺度，跟实际的性活动几乎没有太大的关系。

性活动最终也涉及成功和失败，它已经在成功和失败的框架里，只不过是很多成功和失败中的一种而已。

性快乐与死亡

死亡，激活的是婴儿般的恐惧

俄狄浦斯冲突，或者说性快乐与死亡的部分，我们可以无限延伸来解读。

死亡如此可怕，实际上不是因为我自己消失了所以可怕，而是因为周围的人不见了所以可怕，这个激活的是婴儿般的恐惧。

举个例子。为什么战场上涌现出那么多英勇的战士，有那么多人打仗不怕死？因为战死沙场不是最可怕的，最可怕的是作为懦夫活着，然后被周围的战友抛弃。

战士们宁可在战场上被敌人打死，也不愿活在被他人唾弃的状态中。活着的时候被别人排斥，相当于周围的人在我活着的时候消失了。这对婴儿来说，是绝对不能忍受的事情。战士们也绝对忍受不了这种婴儿般的恐惧。

没有客体回应，相当于死亡

弗洛伊德建构的精神分析，提及死亡比较少。我不知道这是不是因为弗洛伊德本人就没有解决过与死亡有关的冲突。他活着的时候实际上经历了太多的亲人的死亡，有可能他是在回避这个话题。这个话题对他来说太沉重了。

后来，存在人本心理学弥补了弗洛伊德精神分析在这一点上存在的巨大漏洞。

第一，死亡跟俄狄浦斯冲突的性有关系。性跟死亡联系非常紧密，因为性导致生命，而所有生命都面临死亡，只不过是时间长和短而已。在英语里，性高潮被称为 "a little death"，就是一次小小的死亡。

第二，如果我突破爸爸妈妈给我制造的禁忌，就表示他们已经死亡，因为原来的爸爸妈妈就不再是我的爸爸妈妈，他们不见了，这会让我的早年连接崩溃。这种感觉就像死亡一样。

我们说的死亡，往往并不是肉体生命的消失，而是那些证明我们活着的人不再给我们客体的回应，所以我们"死"了。这与写微博是一样的。比如你注册了一个微博，但你写的东西没有人点击，你也没有一个粉丝，你写着写着就不愿意写了。

因为你没有活着的证据，没有活着的目标的达成。

按照客体关系的理论就是，活着是要寻求来自客体的回应，没有回应的时候，我们自身也就不见了。

不同阶段的死亡焦虑不同

不同阶段诱发死亡焦虑的内容是不一样的。

在口欲期，我如果咬了妈妈的乳头，会担心妈妈抛弃我，如果被妈妈抛弃，我就会死亡。这是攻击性释放之后受到的惩罚，这个惩罚跟死亡有关。

在肛欲期，我如果不能控制妈妈，我就会死亡。

在俄狄浦斯期，我如果从事与性有关的活动，我就会死亡。

我们在俄狄浦斯期从事性行为的时候，是作为独立的个体去做的，因为俄狄浦斯期大概是在4岁到6岁这个阶段，我们不是实际在做这件事情，而是在幻想层面做这件事情。这对这个阶段的我们来说是新鲜的，我们做了这样的事情之后，就有可能会压缩到一种完全没有存在的状态中，或者退回到子宫里，好像没有活过，因为这对我们来说是一直都存在的威胁。

我们在不同的阶段，做的事情不一样，诱发的死亡焦虑的内容也是不一样的。

比如在肛欲期，我们慢慢地提升了自我控制能力，这涉及一个"交班"的问题，就是我们到底是控制妈妈，还是控制自己。温尼科特提出了过渡性客体，就是：我既不能很好地控制妈妈，又不能很好地控制自己的时候，那我至少可以很好地控制一个"中间物"。

比如一个毛毛熊，我们对它可以为所欲为，想把它怎样就怎样，包括残酷地虐待它。比如孩子抓住毛毛熊的尾巴，拼命地在桌沿上敲。可以看得出来，孩子在这时候是使出了吃奶的劲儿，但是他体会到的不是残忍，而是"我可以对你想怎么干就怎么干"的感觉。这非常像更小的时候控制妈妈乳房的感觉——我一想着吃奶的时候，妈妈的乳头就出现了。这种感觉好像不是妈妈自觉地给我吃奶，而是我可以操纵妈妈的乳房。

在这样的幻觉下，孩子可以形成无所不能的感觉，这种感觉，包括以后对自己身体控制的无所不能，可以伴随终身，也让他变得很健康。这也是一个健康的成年人应该有的感觉。但是，很显然有些不那么健康的成年人，他们没法控制自己身体的行为，比如过度地吃东西，或者其他的成瘾性行为。

未被满足的部分可转化成创造力

我们发现，男人研究出了很多具有创造性的东西，比如电灯、飞机、电脑等。这很可能是因为男人在天然的创造力上永远不及女人。女人会生孩子，这种创造似乎可以抵消男人的所有创造，所以男人要通过不断地制造一些新的东西，来弥补自己作为男人不能生孩子的不足。

女人生孩子是天然的创造力，但是与生理上的天然创造力没关系的后天创造力来自早年，如果早年妈妈跟孩子的关系出现问题，孩子就会通过想象和创造来弥补妈妈的不足。这就是成年之后，我们有创造力的原因。

史蒂夫·乔布斯（Steve Jobs）早年跟妈妈的关系是有问题的，他出生不久就被送给别人收养了。这对他来说意味着一个巨大的创伤，所以他需要如此之多的创造力来弥补他跟妈妈关系的缺失或破损。

那么，为什么那么多被遗弃的人，不像乔布斯这样有创造力呢？这是由两个因素决定的。第一，早年关系的破裂；第二，收养他的客体的健康程度。如果不是恰好被这个家庭收养，而是被别的家庭收养，乔布斯或许就不能成为这样一个有创造力的人。

说到这里，有的人难免会有点儿伤感——是不是要培养一个有创造力的人，就必须要在早年给他一些关于母婴关系的挫折呢？或者换种说法，在他小时候，故意给他制造一些乔布斯式的创伤，使他有创造力？答案当然是否定的。

我坚决反对这种做法，因为这其中包含了太多的功利。我认为，人应该自然地出生，自然地成长，我们不能为了满足一些愿望，提前规划一个刚刚来到这个世界上的人的人生，这是反人性的。一个人有权利决定自己成为一个有创造力的人，或者是一个没创造力的人。

乔布斯的故事

（1）挑选氧气面罩。

我不太肯定，乔布斯感受幸福的能力跟他的创造力是不是一样强，他创造了那么多东西，从中得到的快乐是不是有相对应的比例？从他得胰腺癌这件事情来看，他还是有很多自我攻击的，而且攻击的是非常危险的部位。得癌症的心理学意思就是让某一个部分烂掉，这是自我攻击的表现。也就是说，他的能量并没有通过他的创造力都得到释放，还有一部分留给了自己——攻击自己。

乔布斯陷入昏迷的时候，医生给他戴上氧气面罩，他一把扯掉，迷迷糊糊地说他讨厌这个设计，拒绝戴面罩。尽管他当时已无力说话，但还是命令医生拿来5款不同设计的面罩给他挑选。

我们不妨想象一下：我戴面具不是给自己看的，而是给那些看我的脸的人看的，而这个世界上看我的脸的那些人中，最重要的就是妈妈，如果她看到我的脸却不喜欢我，我就活不下去。所以，戴面具是为了控制周围环境。

作为一个成年人，而且是高智商的成年人，乔布斯应该非常清楚地知道，他戴不戴那款面具对他自己没什么太大的影响，他马上就要离开这个世界，变成粉末了。但是，他如此在乎这件事，表示他一直在幻想：有一双挑剔的眼睛在看着我，要不然就不会那么早把我送出去，我需要给她一个好印象，那么我下辈子再做她儿子的时候，就不会再次被抛弃。

（2）没有车牌号的车。

乔布斯的很多车都没有车牌号。从精神分析角度而言，一辆车如果有车牌号，表示确定它的主人是谁，没有车牌号，表示它的主人可以是任意一个人。这与他不确定自己到底是谁的儿子有关。当然，这还可以有其他多种解释。

心理安全感影响创造力

如果我们敢于创造一种新东西，那么一定表示我们在这之前继承了某些重要的东西。按照温尼科特的说法：没有继承就没有创造。我估计乔布斯在收养他的家庭里，获得了足够多的安全感，这样他才能让自己的幻想走那么远的路。

如果在早年的关系中缺乏基本的安全感，我们的注意力可能全部集中于周围会发生什么事情，然后随时做出战斗还是逃跑的准备。如果周围环境很安全，我们就可以想象香格里拉是什么样子，或者月亮上是什么样子，就不会在没有把注意力放在周围环境上的时候，一不留神就受到伤害。

与眼睛有关的症状，都有俄狄浦斯冲突的味道

俄狄浦斯成功之后知道了真相，刺瞎了自己的眼睛。弗洛伊德以此说明一个人4到6岁时的内心冲突。所以，精神分析原教旨主义者觉得，所有与眼睛有关系的症状，都有俄狄浦斯冲突的味道。

比如一个年轻小伙子，他不敢在街上走路，因为他怕走着走着不注意，人行道旁的树枝把他的眼睛戳瞎。所以他在街上走路的时候喜欢走汽车道，那样离树枝远一点。

很多人有社交恐怖，其症状之一是对视恐怖——我害怕看你的眼睛。我看你的眼睛的时候，要么是怕我的眼睛攻击了你，要么是觉得你的眼睛穿透了我的心脏。这和俄狄浦斯冲突也是有关系的。因为这种边界的突破，实际上跟性行为是一样的——两个人在心理和肉体上都突破了相互的边界。

社交恐怖还有一个症状就是余光恐怖——我总觉得自己的余光看到了别人，然后别人好像就杀入了我的内心。

有一个女孩，她初中的时候就病了。她的余光恐怖已经到了非常严重的程度：她在家里的一张桌子旁做作业，会觉得墙的四个角像刀子一样扎进她的内心。她不管怎样转动，都觉得

至少有两个角扎进她的内心。所以她在家里的样子有点滑稽，当然也叫人心痛。她会抱着桌子转，直到找到一个眼睛余光看不到墙角的角度。

这个女孩对自己眼睛的余光如此在乎，表示周围可能有很多威胁。经过分析，我们了解到这跟她妈妈不断地在旁边指责她、挑剔她是有关系的。也就是说，她永远都处在一种被妈妈攻击的状态中。妈妈对她的攻击，实际上是告诉她：你爸爸这个男人是我的，你不可以用。

恋父恋母的误解与正解

精神分析一般用俄狄浦斯情结描述恋母、恋父两种心理，所以俄狄浦斯情结又称恋母情结，或者恋父情结。对男孩来说是恋母情结，对女孩来说就是恋父情结。

我们通常都有一种误解，认为一个男孩成年后，还跟妈妈关系很好，比如下飞机后第一个报平安的对象是妈妈，每个星期都去看妈妈，每天都打电话给妈妈，这叫作恋母情结；一个女孩成年后，尤其是自己有了孩子之后，还坐在爸爸的腿上，摸爸爸的耳朵，亲爸爸的脸，关系非常亲昵，这叫作恋父情结。实际上都不是。

真正的恋父情结、恋母情结是什么样子呢？比如一个女孩成年后，一说到爸爸还咬牙切齿。这种意识层面的恨，实际上是潜意识层面不可分离的爱，这就是典型的恋父情结。一个男孩成年后，一说到妈妈还咬牙切齿，则是典型的恋母情结。

精神分析从来不分析美好。如果表面上是美好的，可以不被分析，只是用来享受就可以了。但是如果表面上是仇恨，就需要分析，因为隐藏在其背后的是没有解决的恋父情结或者恋母情结。

或者可以这样说，对父母的仇恨是一种变形的爱，这种爱叫作俄狄浦斯情结。

小结

- 性冷淡跟俄狄浦斯冲突关系密切。
- 男人通过不断地制造一些新东西，来弥补自己作为男人不能生孩子的不足。
- 温尼科特说，没有继承就没有创造。
- 对父母的仇恨是一种变形的爱，这种爱叫作俄狄浦斯情结。

第 14 讲

梦的解析

曾氏语录：

· 梦具有愿望实现的功能。

· 潜意识中的性驱力是最重要的梦的创造者，是梦的心理能量来源。

· 置换是梦进行伪装的最重要的活动。

梦与生活

梦，跟我们的现实冲突、人格特点联系非常紧密。

现代科学技术被大量用于研究人类的梦，而且人类对梦的兴趣几乎跟人类的历史一样悠久。

我们日常生活中所使用的逻辑、推理、归纳、总结等是大脑皮层的功能，梦基本上是大脑皮层以下的低级神经中枢的功能。

一个人的言行，不仅是由他大脑皮层的高级功能控制的，更多是由他大脑皮层以下某些低级的中枢神经系统控制的。

《梦的解析》

精神分析建立在对梦的研究的基础之上，弗洛伊德《梦的解析》，1900 年出版，是精神分析的奠基之作。

当时的发行量是 400 本，用了 8 年时间才卖完。但是 8 年后，第二版出版的时候，售卖的速度就大大地提升了，而且在非常短的时间内就被翻译成多种文字，在多个国家出版发行，购买的人很多，以至于在 20 世纪二三十年代出现了所谓的精神分析热。

有一个阿根廷的女精神分析师告诉我，你真的可以不看别的书，只要看一本书就可以了，就是《梦的解析》。这种说法显然极端了一点。如果想要学好精神分析，我个人认为，仅仅读这本书是不够的。

有人认为，《梦的解析》出版之后，西方国家癔症的集体发病率逐渐降低。因为这本书极大地拓展了他们的意识范围，使他们的潜意识范围大大缩小。被看到的潜意识不会兴风作浪。

但是大家还可以看到，在某一个学校，或者某一个区域，有集体癔症发作，这显然是我们对自己的潜意识了解太少所导致的社会性疾病现象。

电影《泰坦尼克号》里一个片段，罗丝在泰坦尼克号上的一个聚会中提到了《梦的解析》这本书，并且提到了弗洛伊德的一些观点。罗丝说：人类造如此巨大的游轮，就是因为我们像弗洛伊德说的一样，追求大、快这样的东西，从象征层面来说，是对无限、性能力的追求。

BBC 广播公司在弗洛伊德去世前几年，为了让弗洛伊德的声音被保存下来，对弗洛伊德做了一个简短的采访。这个采访有德语和英语两个版本，但内容基本一样。其中有一个片段说：我这个人非常幸运，因为人类把理解梦的工作留给了我。我认为这当然不是一点点运气，而是巨大的运气。

《周公解梦》vs《梦的解析》

确实是这样，人类对梦的兴趣，跟人类的历史一样悠久。

中国有一本很古老的书，叫作《周公解梦》。《周公解梦》很接近所谓的科学解梦 —— 弗洛伊德精神分析式的解梦。《周公解梦》实际上已经发现了梦的象征意义，但是它有一个非常致命的问题，在梦的意义上，《周公解梦》是一一对应的。而弗洛伊德对一个梦象征意义的解释是多方面的，不同人的梦，会有不同的象征。

《周公解梦》没有考虑人的个体差异、个人经历和人格特点，而是套用一个模板，梦见什么，就象征什么。举个例子来说，如果你梦见棺材，那么从音联、意联这个角度来看，就表示你可能会升官发财，因为"棺"和"材"连在一起，代表官财的意思。

当然，现代的释梦里也会做音联、意联这样的解释，但是解释的灵活性要远远高于《周公解梦》。

梦是通向潜意识的途径

精神分析主要的工作对象是人的潜意识。到目前为止，人类所发现的通向潜意识的途径大约有以下几种：口误或者笔误、自由联想、催眠、梦。

弗洛伊德在他的《日常生活心理病理学》这本书里写到过，日常生活中的失误行为如口误、笔误，并非自由意志的体现，而是背后潜藏的心理因素的作用。在日常生活中，我们经常会出现口误或者笔误。这是通向潜意识的一条途径。

在北京召开的一个精神分析大会上，主持人在开幕式上3次把开幕式说成闭幕式。她是我们这个行业的一位高级别领导人。后来，我们分析她的潜意识，可能她身体不太好，所以她在会议开幕的时候，就已经想到了闭幕，希望会议早一点结束。

在上海召开的一个精神分析会议的闭幕式上，同样也是我们这个行业的一位领导人，也是一位女教授，她在闭幕式上好几次把闭幕式说成开幕式。这也跟她的潜意识有关系。她是一个工作非常勤奋的人，可能潜意识中希望会议无休无止地进行下去，所以她把闭幕式说成了开幕式。

自由联想与催眠都是通向潜意识的途径。自由联想是跟催眠相对应的一种状态，是弗洛伊德在对他的一个病人安娜·欧的治疗过程中发展出来的一种治疗手段。

此外，也许最能够反映一个人潜意识状态的，就是我们的梦。

梦的三个部分

弗洛伊德把梦分成三个部分。

第一个部分是显梦。显梦的意思是，你第二天醒来之后，能够回忆起来的梦中的情景，可以讲给别人听的部分。

显梦的长短非常不一样，有的人的显梦，可能几句话就讲完了；有的人的显梦，可能需要讲20分钟甚至更长时间。

第二个部分是隐梦。隐梦跟显梦相对应，是隐藏在显梦背后的潜意识的冲突。

第三个部分是梦的工作。它是连接显梦和隐梦的。梦像一个加工厂，它的原材料就是一个人的潜意识冲突生产出来的产品。

梦的五种工作

弗洛伊德认为，梦的工作有以下五种。

第一种，凝缩。这个过程有点像制造压缩饼干的过程，就是把巨大的隐梦的材料压缩成显梦——压缩出一个相对来说比较短的，我们之后可以给别人讲的故事情景。

第二种，象征。《周公解梦》，很大程度上是在梦的象征层面进行的工作。

第三种，再度校正。梦就像一个编辑一样，把可能过度抱怨自己的潜意识，或其他不能在显梦中呈现的东西删除，有时候甚至颠倒顺序。潜意识的冲突，经常是乱七八糟没有方向的。但是我们第二天说出来的显梦，往往是有头有尾、有顺序的故事情节。

第四种，转移。意思就是，我们梦到一个人，不一定是梦到这个人，而是梦见另一个人。一个简单的例子，我经常梦见某位领导人，懂精神分析的人都知道，我梦见他，实际上是梦见了我的父亲。因为对孩子来说，父亲就是最高的领导。

第五种，特殊表现力。意思就是，梦具有把内心冲突变成视觉形象的能力。

我们做梦的时候，眼睛是闭着的，但是我们在梦里可以看见一切。有些人的特殊表现力比其他人更强，他们在梦里闭着眼睛看到的是彩色的世界。

我只做过一次彩色的梦。大半年前，我梦见一只翠绿无比的蜻蜓，出现在我的正前方，大约离我 2 米远的距离。它很生动地飞翔，最后停在我的左肩上。在这之后，我再也没做过彩色的梦。

特殊表现力是一件奇妙的事情。这可能是我们的大脑分工还不太精细的证明。人的大脑管视觉的部分，与管非视觉的部分有重叠的。

释梦的三个要点

释梦，有以下三个要点。

第一，看见梦里的情绪。

做梦的时候，比如梦到小时候的一个朋友，可能会感觉到非常愉悦。但是如果做的是噩梦，在梦里可能一直处在被追杀的状态。

有很多人都做过考试焦虑的梦。马上面临一场重要的考试，你早上迟迟不能离开自己的住处，以至于有可能迟到，或真的迟到了，你看到试卷后，试卷上的内容你完全不会；或者你找不到自己的笔；或者你不知道在什么地方填写你的姓名；等等。这就是在梦里呈现的各种各样的情绪。

第二，要把梦跟现实的冲突联系起来。

我曾经分析过一个学员的梦。他梦见自己在一个走道上走，左边是封闭的玻璃窗，右边是巨大的深渊。一边是透明的，有光亮的；另一边，有生命危险。这是他在现实生活中，面临重要工作的选择的表现。也就是说，他如果选择辞职会有危险；他如果选择留在当时的工作单位会比较安全，但是会缺少乐趣以及失去更多富有的机会。

第三，也是最重要的一个步骤，要把梦跟人格联系起来。

我们经常会说，文如其人，但是文如其人可能远远不如梦如其人来得真实。金庸的小说《笑傲江湖》里有一个片段，令狐冲听曲洋弹琴，就觉得曲洋是一个内心很光明、很善良的人。其原理就是，一个人的语言可能撒谎，但是他弹出来的琴音绝不可能撒谎。

用精神分析的话来说，他的琴音反映的是他更深的潜意识的内容，但是如果跟梦比起来，琴音还是可能撒谎。因为琴音很大一部分是受意识控制的，而梦是你的意识睡着了，你的潜意识在呈现。所以，梦不会撒谎，或者说，梦更不容易撒谎。

梦的预见性

梦具有预见性。

我的一个朋友说，在"9·11"事件发生之前的某一天晚上，他做了一个梦，梦见在上海的某一个地方，他骑着自行车，头上突然出现一架飞机。过一会儿，飞机就撞到了他前面的一幢大楼上。过了几天，新闻就报道说，在美国发生了"9·11"这样一件惊天动地的事情。

我的一个学生说，他曾经在 5 年前做过一个梦。他梦到自己受伤了，然后有一群穿着白大褂的人围着他。这个梦的画面一直停留在他的脑海里。

直到 5 年之后，他在一幢小楼的屋顶上跟朋友说话，一边说话一边往后退。那幢楼还没修好，周围没有安全护栏，他就从楼上掉了下来。他的朋友打了 120，一群穿白大褂的人围着他，用担架把他抬到救护车上。

他躺在担架上，看着四周都是穿着白大褂的人，这个画面跟他几年前做的梦的画面重叠在一起，几乎是一模一样的。当时他的恐惧，那种梦跟现实高度一致的状态所导致的恐惧，甚至压倒了他双腿骨折的疼痛。

我朋友的疑问是，他的这个梦跟后来发生的"9·11"事件有什么关系。我学生的疑问也是，他 5 年前做的梦，和他后来从楼上摔下来之间有没有联系。

对此的解释，到目前为止只有两种。

一种是所谓科学的解释，或者说是概率。意思是，梦里的事情，实际上跟生活中的事情是偶然碰到一起的，偶然变得一致了。因为梦是生活的一部分，你可以把生活理解成一种梦境。生活事件之间，往往有一定的概率相互一致。

一种叫共时性。意思是，两个或多个毫无因果关系的事件同时发生，其间似隐含某种联系的现象。关于其科学机理尚无定论。

有人可能会认为，这也许是更加科学的解释。"共时性"这个词语是荣格提出的，而且他将此归功于中国人。他说，中国人发现的事与事之间非因果的联系，是中国人为世界做的最重要的贡献之一。

这个世界上的确有很多事情都是有因果关系的，因为有因，所以有果。比如佛教认为，你上辈子所做的事情，会成为你这辈子享受福分和遭受苦难的原因；而你这辈子做的事情，会变成你下辈子享受福分和遭受苦难的原因。这就是所谓的因果。

当然，精神分析跟佛教最大的相同之处就是，它们都在因果论的哲学框架里。但是，除了因果之外，这个世界上的确还有一些非因果的联系，即共时性。

梦的意义

梦是愿望的达成

弗洛伊德说，梦是愿望的达成。这跟《周公解梦》的观点是差不多的。《周公解梦》里有一句话，"猫梦鱼虾，鸡梦谷。"猫喜欢吃带腥味的东西，梦见的是鱼和虾；鸡喜欢的是稻谷，梦见的就是谷了。这实际上是在说愿望的满足。

梦是整合

弗洛伊德之后，有一位叫比昂的精神分析师，他的观点跟弗洛伊德关于释梦的观点不太一样。他认为，梦是要把一些破碎的心理功能整合起来。

从这个角度来说，一个做梦很丰富或者很频繁的人，他比基本上不做梦的人有更好的整合功能。换句话说，就是只有一个人的人格健康达到一定的程度，他才能面对做梦时体会到的自我功能的完整性。

这里有一个反证：患有精神分裂症的病人是不做梦的。

梦可能导致一个人分裂的各个自我被拼凑成一个整体，而这个整体不是一个精神分裂症的患者能够忍受、承受和容纳的，所以他就没有勇气和能力把他的梦呈现给自己看。如果你是精神科医生，你可以去病房里问问，那些被诊断为精神分裂症的人，他们长时间以来有没有做过梦。

有些梦可能没有意义

从对梦的延展分析中大家可以看到，梦的背后有很多关于潜意识层面的冲突。但是，有些梦真的没必要分析得这么详尽，为什么呢？因为它们可能没有什么意义。

在睡觉的时候，有一些场景的因素进入梦乡，变成了你的梦的一部分，这些因素基本上跟你的现实冲突或者人格特点没什么关系。比如，你做梦的时候听到闹钟的响声，让你焦躁，醒来后你发现离床头不远的地方，水龙头没有关紧，滴滴答答的滴水声变成了你梦中闹钟的声音。那么，梦中闹钟的声音就没有什么意义。

你膀胱膨胀想要上厕所，然后梦到上厕所，这很容易理解，这个梦跟现实的状况有关系。但是同样也有很多人反映，在梦里感觉要上厕所，醒来之后却没有那么强烈的尿意，那么这个梦可能跟内心潜意识的冲突有很大的关系。很多时候，分清楚到底是受现实刺激做了这个梦，还是内心的冲突变成了这个梦，不是一件容易的事情。

有一个叫卢生的书生，进京赶考，结果功名不就。有一天，他在邯郸的一个小店里，遇到一个叫吕翁的道士。卢生跟这个人说了自己的远大理想——通过考状元当官发财，过辉煌的一生。然后吕翁说，那些东西真的没什么意思，最后都是幻梦一场。

卢生没有听进去。等吃饭的时间，卢生睡了一觉，他梦见自己考上了状元，当了很大的官，娶了媳妇，发了大财，做出了辉煌的成绩。他醒来之后发现，厨师做的黄粱米饭都没有熟，一切还是原来的样子。因此，他对人生大彻大悟。

其实，人一辈子几十年的光阴，我们很难说哪一种人生更加圆满。我个人觉得，其中的一个判断标准就是，有没有让你过上真正的世俗生活。凡是让你远离柴米油盐、超市购物、爱情、亲情、友情这些基本的物质生活和情感生活的，都可能是坏的。

梦的组成：三大"股东"

如果梦是一个合资公司的话，那么我们来看看这家合资公司的股东有哪些角色。一般说来，梦这个合资公司的股东组成有以下三个部分。

第一，力比多。也就是一个人本能的、生物学的能量。在精神分析的框架里，力比多占有非常重要的位置，尤其是在弗洛伊德的理论里，力比多是核心的核心。

第二，日常生活残留的碎片。指的是一个人在做梦前的一段时间里所经历的现实冲突。

第三，稽查员。意思是即便我们做梦的时候，我们都要求自己按照一定的伦理、规范，甚至美学的特点，对梦进行一些加工，这就需要稽查员的干预。

梦的丰富性就在于，这三者以不同的比例呈现出来。力比多的流动原本的样子是流畅的，但是它受到日间残留记忆碎片的干扰，可能会变得非常破碎。同时，由于力比多呈现的是原始本能的冲动，在稽查员的干预下，它可能也会变成各种各样的象征性的内容。

梦的解析步骤和原则

科学的解梦程序：五大步骤

假如有个人让你分析一个梦，如果用《周公解梦》的方式，你会简单地跟他说，梦里出现的那些东西可能代表了什么，这个梦预示着在他身上可能会发生什么事情。但是，这并不科学。真正通过梦来了解一个人的内心世界，没有三五个小时，甚至更长的时间，是不太可能做到的。

科学的解梦程序，大概需要五大步骤。

第一步，让他从头到尾具体地讲一遍所做的梦。

第二步，让他就梦的情节和人物，做一下自由联想。

比如，有个人梦见一把漏勺。漏勺是用来做什么的？做分类的。漏勺上有很多孔，直径大于这些孔的东西就会留在漏勺里，直径小于这些孔的东西会漏下去。他在梦里用厨房的漏勺去打一只老鼠，最后把老鼠打死了。这是他梦里的具体元素。

于是，我们需要让他对漏勺的印象做一下自由联想，也就是，在他的心中漏勺到底是什么。当然，最后通过对他的这个梦做分析，我们知道他在这个梦里使用漏勺的意思——他习惯对别人进行分类，比如分为高于他的人和不如他的人。

而且，他对自己也有严格的分类：我在什么时候是好的，在什么时候是坏的；在哪些方面是可以的，在哪些方面是不可以的。他不太能够接受自己相对来说比较弱的部分。

我相信，仅仅是漏勺这个象征，就能够帮助他明白自己内心的分别之心。

第三步，抛开他的梦，以及他对梦里的情节和人物做的自由联想，纯粹地谈一谈他的现实冲突。

第四步，分析梦的内容。

也许最重要的是，让这个人说一下他的童年经历，爸爸妈妈是什么性格的人，有没有跟爸爸妈妈一起长大，爸爸妈妈对他的教育和要求是什么样的。除了爸爸妈妈之外，还有没有人对他的人格产生过重大的影响。

此外，他的整个学习生涯是什么样的，跟同学、老师的关系是什么样的。最高学历是什么，从事什么职业。现在的人际关系和亲密关系是什么样的。

学过精神分析的人都知道，我们在了解一个人的这些信息的时候，就是在了解这个人的人格特征。梦是一个人的人格上开出的鲜花。所以，我们可以说梦如其人。

第五步，让做梦者谈一谈他未来的生活和理想。

这关系到这个人的雄心壮志，以及他对超越自己过往限定的向往。我们除了可以让一个人超越过去对他的限定之外，还需要通过跟这个人谈他未来的理想，让他过上被理想引领的生活。这样，有对过去的切断，有未来对他的牵引，这个人成长得就会快一些。

如果是在具体的治疗过程中，你的来访者跟你谈了他的梦，那你还需要做一个步骤，让他谈一谈他对你的印象是什么，你跟他的关系怎么样。

这实际上就是在移情和反移情。因为这个人跟父母的关系会通过治疗的设置投射到他跟你的关系中。

当一个人把以上所有信息都说完之后，你会对这个人的人格特征有一定的了解，他的梦也一定以梦特有的语言在描述他的人格特点。

不过，这个世界上大概有 250 种不同的心理治疗流派，甚至可以说，每一种心理学的治疗流派，都可能有自己独特的释梦方式。

重复讲梦，不分析

以上说的是比较正统的精神分析的释梦步骤，即便是在精神分析的框架里，也有另外一些声音。比如李晓驷老师，在精神分析方面有非常深的造诣。他曾经提出过一个观点：有没有这样的可能性，一个人只是说他的显梦，也就是把他的梦从头到尾说一遍，而不需要对这个梦做自由联想，也不需要说他的成长经历，我们就知道，这个人做这样的梦，呈现了他内心什么样的风景。

我仔细地想了想，觉得这是完全有可能的。因为，如果我们对梦的工作、梦的组成成分足够了解，我们就会相信，梦一定会显示很多关于做梦者的人格特点的秘密。

所以，从这个角度来说，一个人不可以随便把自己做的梦告诉他人，因为这样做的危险程度丝毫不亚于把银行卡的密码随意告诉他人。

我曾经参加过一个释梦的培训班，这个班具体的释梦步骤是这样的：做梦者坐在这边，释梦专家坐那边，另一个地方坐着翻译，旁边坐着 10 个来听课的学员。释梦专家要做梦者把梦讲一遍，然后一个个地询问坐在旁边的 10 个人的感受，而且是以躯体感受为主。

这位释梦专家的理论的基本假设就是，这个人梦里传递出的各种各样的信息会投射到在场的 10 个听其说梦的学员中，每

个学员的身体就会产生感觉，他们不需要做任何分析这个梦的
工作，只要说出他们在听这个梦的时候有什么身体感觉就可
以了。

他们甚至还专门发明了一个词语叫"M-body"，这个词语
非常难翻译，我觉得如果去掉附体的神话或者迷信的元素，把
它翻译成"附体"，是比较恰当的。因为那些信息就像某种具有
黏性的物质一样，通过做梦者的叙述粘到了这些学员身上，使
他们产生了相应的感觉。

而且，在这 10 个人都做出相应的反应之后，释梦专家没
有做出任何解释。他的做法就是让做梦者再重复一遍他的梦境。
然后大家发现，做梦者两次的叙说有些微的差异。有的是描述
的重点不一样，有的是描述的语气不一样，还可能有些用词不
一样。而这些差异反映了梦的稽查作用所呈现的强度或者位置。

反复让一个人说同样的梦，是一种非常高明的方法。因为，
一个梦被重复了 10 次之后，我相信，我们能更多地觉察一个人
的超我对其梦境做了什么工作。

最后，这位释梦专家做了一个纯粹的理论报告。我对这个
报告的解读是，把炼金术的过程用到对梦的解释上。具体的做
法是，这个梦刚开始的时候是黑色的，慢慢变成白色的，然后
慢慢变成灰色的，再慢慢变成黄色的，最后变成我们所需要的
"丹药"或者"金子"。

我听了之后，举手提问：你刚才用一个炼金术的过程来描述对梦的解释的过程，这当然很好。但是如果我们总是需要用另一个东西来描述这个东西，那我也可以用整个消化的过程来描述释梦的过程。比如潜意识里，梦的材料，就是我们吃的食物，食物进了嘴巴后被咀嚼，被混进我们的唾液，再被吞到胃里，然后被胃酸稀释，在肠道里又有其他的酶进入这一化学消化过程，最后以大便的形式被排泄出来。用这个来解释你刚才说的梦的解释工作完全可以，而且更加直观，因为吃饭毕竟是每个人每天都要做的事情，而炼金可能只是一些特殊的人偶尔才做的事情。

这位释梦专家听了后，说我刚才的话击中了要害，然后他做了一些解释。课后，我觉得他说的是非常有道理的。他说，我们每一套理论，都必须使用隐喻，我们在理解任何东西的时候都必须有隐喻，或者说，必须有模型。

小结

· 弗洛伊德之后梦的精神分析理论的发展：

（1）显梦变得越来越重要。

（2）梦被认为是具有多种躯体功能的多功能的创造。

（3）自我和超我的规则变得更加重要。

（4）客体关系理论日益重要。

- 梦的功能：

（1）愿望实现。

（2）记忆固结。

（3）问题解决。

（4）减少应激。

（5）创造力。

（6）冲突解决。

（7）情绪调节。

梦的象征性意义

曾氏语录：

· 梦是维持人类心理及生理健康的重要过程。

· 梦魇是神经症性或其他非精神病性障碍的表达。

· 关于惩罚的梦，代表了稽查愿望的实现。

不同的梦，有不同的意义

坠落梦

我记得大概半年前，我去一个城市讲课。第二天晚上，我做了一个梦。

我梦见我家住在 26 楼，但是从 26 楼到 22 楼，既没有电梯，也没有步行的楼梯。我如果进出，需要翻出 26 楼的窗户，然后抓着墙壁上的一些类似于暖气片那样的东西往下滑到 22 楼，才有电梯。从 26 楼滑到 22 楼的过程中，我有非常强烈的恐惧感，因为摔下去足以致命。而且我还在想，我每天都要这样进出好几趟，如果哪一次稍微马虎，就可能摔死。

这是一个与坠落有关的梦。对这个梦的分析是，有可能早期的时候，我跟我的原始客体的连接中，有一部分是高度隔离的，或者说有一部分是不正常的、别扭的、叫人难受的。

这种难受的感觉，印刻在我的人格中，在我成年之后的某一个晚上，通过梦境呈现了一直被我压制的难受体验。

性梦

有一类典型的梦就是性梦，直接梦见跟一个人发生性关系，或者直接梦见身体的某一个局部，等等。

有一位参加完精神分析培训课程的男性，在坐火车回家的路上做了一个梦。他梦见自己有一个巨大的男性生殖器，不过这个梦被解读为与性完全没有关系的内容。

因为有阳具的出现，这个梦看起来跟性关系密切，但是最后我们对这个梦的理解是，在精神分析培训中，他跟其他男性在精神分析的知识、技能，或别的方面的竞争，导致了他的挫败感，所以在返程的路上，他通过做一个自己有巨大阳具的梦，来补偿他在培训中自恋受的伤。

可见，看起来与性有关的梦，可能跟性完全没有关系。

也有相反的情况就是，在梦里呈现的东西，跟性一点关系都没有，但是这个梦可能跟性有关。比如，有人梦见自己长了翅膀，在空中来回地盘旋；有人梦见自己爬了一段很高的山坡；有人梦见自己在享受美食。这些看起来跟性没有关系，但在潜意识层面，它们可能呈现了被压抑得很深的性欲望。

噩梦

在噩梦里，我们可以体验到巨大的恐惧，甚至有很多身体的防御，比如呼吸加快、心跳加速、全身出汗。一般在噩梦到了最危险的时候，我们就会醒来。

心理动力学对噩梦的解释是，它有一点像清醒时的创伤的强迫性重复。简单来说，创伤体验在正常的情况下应该通过梦的工作来加工，比如直接伪装、转移、压抑与恐惧有关的东西。但是我们在梦魇的时候，这些有攻击性的东西，或者说与力比多有关的东西，就会绕过梦的工作，直接呈现其最原始的一面。这时候，潜意识的屏障就不能再阻止巨大的能量，这些能量直接到了意识水平，我们就变清醒了。而且在我们醒来之后的很长时间里，我们整个躯体感受和情绪仍然会沉浸在噩梦导致的状况中。

脏梦

很多人梦见过很肮脏的厕所——非常想上厕所，但是去了厕所，发现满地都是大小便，无法插足。于是，在梦里觉得非常焦虑。

梦里的这种焦虑，可以被称作超我焦虑。梦里的肮脏，并不是实际上的大小便的肮脏，而与道德上、心灵上的肮脏有关。它的意思是：我内心有一些自己都不认可的幻想。比如，与性有关系的幻想。白天的时候，我把它压抑得很好，但是一到晚上，当我的大脑皮层克制功能减弱的时候，这些幻想就出来了，我的超我认为其是"脏"的。

我的一个学生说过一句不亚于弗洛伊德的"名言"：梦里的事情都是自己的事情。

有个人听了几天我的精神分析课，回家的第一个晚上就做了一个梦。他梦见曾奇峰斜靠在门框上，咬牙切齿地说了一句话：精神分析真不是人学的。

这实际上反映了他自己对精神分析的看法。精神分析颠覆了他的很多观念，让他接触了一些自己平常接触不到的东西，所以他把自己想说的这句话通过我的嘴说了出来。

很显然，在他梦里说这句话的人不是我，而是他想象出来的，或者他在背后操纵的一个叫作"曾奇峰"的人。

（1）从潜意识和意识的反差看肮脏的梦。

如果一个人经常做肮脏的梦，可能与他的内心世界里潜意识和意识之间的反差太大有关系。有可能，这个人在现实生活中是一个既有物质洁癖又有精神洁癖的人。也就是说，意识层面，这个人可能是一个对自己要求非常严格、有道德和物质洁癖的人；潜意识层面，又有很多被压抑的与性有关系的东西，或是与突破某些道德规则有关系的冲动。

从治疗角度来说，假如想减少他做肮脏的梦，那可能就需要更多地打通他的意识和潜意识，使他的潜意识能够被意识化。

就我个人来说，我的意识和潜意识并没有完全被打通。我经常做非常肮脏的梦，在梦里和醒来后都非常难受。我想通过我们刚说的方式解决自己的问题，但是到目前为止还没有成功。

我猜想，之所以我没有成功，是因为没有新的客体经验。如果我找一个精神分析师，跟他一起讨论我跟肮脏的梦有关的潜意识和意识之间的反差，我的问题可能就会得到解决。其原理就是：在减少潜意识和意识的反差上，我们需要一个来自客体的肯定或者回应。

（2）从客体关系看肮脏的梦。

肮脏的梦可能与人格有关系。经常做肮脏的梦的人，有可能在与客体的关系中，有远和近的冲突。也就是说，如果我跟某一个人的关系太近，可能会有道德上肮脏或者自我边界被突破的焦虑；同时我又有另一种冲动——我需要变得独立，需要在没有跟他人亲密连接的情况下，还能够好好地活下去。实际上，这是非常简单的冲突：我到底是跟别人亲近，还是寻求独立。

梦里跟肮脏的大小便的关系也是这样的。一方面，一个人作为自己梦的导演，他使自己这个演员跟脏东西有亲密的连接。这是寻求亲密的过程。另一方面，那些脏东西又让他有生物学上的排斥。所以，冲突是显而易见的。

（3）肮脏涉及施虐和受虐。

一个人做与肮脏有关的梦，其内心冲突可能涉及施虐和受虐。让自己跟肮脏的东西接触，这是一种典型的受虐表现。

施虐在这里的意思是，有可能你梦里作为自己被感受的那个个体，不是你。可能经过了转移的梦的工作，你本来想向别人施虐，在梦里却出现了一个逆转，变成了你对自己施虐。

我看过一部电影《死亡实验》，一些极需要用钱的志愿者被关在一个监狱里，一部分人扮演警察，另一部分人扮演犯人。慢慢地，他们之间形成了权威和对权威服从的冲突。其中有一个"警察"越来越认同自己是管理者的角色，在某个"犯人"不听话的时候，他就把这个"犯人"捆起来，并且和其他"警察"一起向这个"犯人"头部撒尿。

这实际上是一种高度施虐的行为，意思是，我可以朝你脸上撒尿，相当于我可以对你做任何我想做的事情。这种行为在日常生活中是不被允许的。但是在社会地位有强烈反差的情况下，或者在梦里为所欲为地控制周围环境的情况下，它可以被实现。

一些具体的梦

被追杀的梦

有一个男性告诉我，他做了这样一个梦：他靠近一座古代的城门，突然城门打开，有一伙拿着冷兵器的人开始追赶他。他扭头就跑，跑到一条沟里。拿着冷兵器的那些人在沟的两边。沟的深浅随时在变，他有时能看到追赶他的人，有时看不到，但能听到他们的声音。

从防御的角度来说，是因为他把对别人的敌意投射出去，然后再逆转，使他对别人的敌意变成了别人对他的敌意。在梦里呈现的就是，别人拿一些刀枪来追赶他。如果这个人能够明确地觉察自己内心对他人的敌意，我相信他做这样被追赶的梦的频率会大大减少。

考试焦虑的梦

一个人做了一个梦，如果这个梦是一部电影，那么这部电

影的导演、编剧、制片、演员、场记、摄影、化妆师等，所有
的角色都有可能是这个人本人。关于考试焦虑的梦，出卷子的
人可能是做梦的这个人；需要参加考试的这种场景，也可能是
做梦的这个人设计的；制造各种各样麻烦的，也可能是做梦的
这个人。

如果一个人让自己没有波折地参加考试，并且考得很好，
这可以带来巨大的喜悦。从经典的精神分析角度来说，这就是
让自己充分地释放攻击性和力比多。但是，一个超我太强的人，
或者一个在攻击性和力比多这两个驱力方面都非常压抑的人，
不会让自己这两个驱力释放得过于顺畅，因为过于顺畅可能会
导致道德上的内疚感。所以，在梦里，他呈现了一种让力比多
和攻击性都没有办法顺畅、彻底地释放的场景。

怎么才能解决这个问题？原理很简单，就是让他不要那么
压抑自己的力比多和攻击性的释放。或者，我们帮助他解决一
些与俄狄浦斯冲突有关的问题。

爬楼梯的梦

我们经常会梦到非常艰难地爬楼梯，楼梯非常漫长，永远
都到不了终点。这实际上也是与力比多和攻击性有关的梦。

爬楼梯那种不断上升的过程，与在性活动中不断积累性的
刺激，最后来一次高潮的释放，在感觉层面是差不多的。如果

一个人不太敢让自己尽情地享受与性有关的活动，他在梦里就
会让不断积累与性有关的快感这个过程变得艰难无比。

同时，爬楼梯可能也跟攻击性有关系。因为占据了高处，
会使我们处在一个更加容易攻击别人，而不容易被别人攻击的
地方。占领制高点这个军事术语说的就是这个意思。如果不敢
让自己往高处去，实际上是害怕自己处在一个过于容易攻击别
人的地方。因为攻击别人之后，我们往往会制造道德上的内疚
感，或者说，我们有很多攻击会通过逆转的方式回到自己身
上来。

梦见亲人死去

梦见自己还活着的亲人死去，是一种经常出现的梦。从这
样的梦中醒来之后，做梦者往往会觉得非常哀伤，甚至有巨大
的自责感，因为他们可能隐隐觉得，在梦里实际上呈现了一个
他们攻击亲人的愿望——希望他们早点死去。

如果回到客体关系的角度来理解，梦见亲人死去的梦实际
上显示了亲密关系中的一些冲突。作为梦的导演，让亲人在梦
里死了；作为梦的演员，为亲人的离世感到悲痛；醒来之后，
又因为在梦里通过攻击亲人，让亲人死掉的方式，获得了巨大
的攻击性的满足，同时这种满足过于巨大，所以攻击性最后朝
向自身，制造了巨大的内疚感。

如果我们帮助一个经常会梦到父母死亡的人，理解他对父母在梦里的攻击，实际上是帮助他寻求独立的表现。那么，一旦他变得独立，不那么依赖的时候，做这样的梦的可能性就会减小。

婴幼儿在追求独立、慢慢自己说了算的过程中，如果觉得亲人对自己有过多干扰的话，可能会在内心产生一种幻想——如果他们死了就好了。而婴幼儿式地说"某某死了"，并不是这个人真正在肉体上消失了。婴幼儿对死亡的理解，跟成人是完全不一样的，他们认为的死亡，只不过是不见了而已。

一个三四岁的孩子，在邻居的一个新生儿出生之后，对爸爸说：爸爸，你去把隔壁的小孩杀死吧。很显然，他说的杀死，不是要这个小孩在身体上死亡，而是不要让这个小孩被大家看到。因为大家看到这个更小的小孩时，会投注更多的关注，而忽略了这个大一点的孩子。

梦见牙齿脱落

我们梦见自己全部的牙齿都脱落，也会带来恐惧、无力的感觉。我们全身最硬的器官是牙齿，最强大有力的肌肉是咬肌，这两个部分强强联合，就组成了我们身上最具有攻击力的地方。

我们小时候，手脚不是太有劲的时候，往往会用牙齿和咬肌实施攻击。成人之后，我们可能还会觉得，如果恨某一个人的话，直接把他"咬"死，这是最过瘾的报复方式。像岳飞说的"壮志饥餐胡虏肉"，这实际上是一种巨大的攻击性的释放。

但是，我们如此强烈地释放了攻击性之后，可能会有巨大的向内的攻击，或者内疚感，我们就会对攻击释放之后可能受到的惩罚感到恐惧。那么，最好的办法就是，让自己的牙齿全都脱落，就不能实施那么淋漓尽致的攻击了。

我们不妨想象一下，一个人没有牙齿，他的咬肌无论多么有力，他用牙龈对别人进行攻击，伤害都是有限的。

梦见毛毛虫

梦见毛毛虫，也是一类跟亲密关系有关的恐怖的梦。

有一个很著名的实验，一只小猴子被关在笼子里，左边是一只用铁丝做成的母猴子，右边是一只用绒布做成的母猴子。这两只母猴子有一个差异，就是铁丝做成的母猴子胸前挂着一只奶瓶，绒布做成的母猴子胸前没有奶瓶。

这只小猴子会在饿了的时候喝铁丝母猴子胸前挂着的奶瓶里的奶，但是一喝完，它就会远离铁丝母猴子，跟绒布母猴子依偎在一起。

奶瓶象征我们的口腹之欲，是生物学层面的需要。跟绒布母猴子待着，象征的是我们对亲密关系的需要。因为跟毛茸茸的东西在一起肌肤相亲的时候，能够最大面积地跟它连接在一起。简单地说，毛茸茸的东西可以增加彼此的接触面积。

小孩可能不太喜欢光滑的东西，而毛茸茸的东西会给他们非常紧密的、连接的、温暖的、保护的感觉。但是，为什么长大后往往会怕毛茸茸的东西，并且梦见毛毛虫会感觉无比恐惧呢？

我们看到毛毛虫的时候，内心对亲密关系的渴望，使我们在情感上或者潜意识层面跟它非常亲。而这种亲，如果是毛茸茸的布娃娃，不会对我们造成伤害。但是，毛毛虫体表的毛往往是有毒的，可能让我们身上起水泡或疹子，让我们觉得非常不舒服。

简单地说，毛毛虫实际上向我们传递的是一个矛盾的信息——毛茸茸让我们觉得亲密，但是它隐藏的毒素让我们觉得恐惧。如果梦到毛毛虫的话，意味着我们在亲密关系中，既想靠近，又恐惧靠近后可能带来的伤害。

此外，跟毛毛虫的关系，还涉及控制感。我遇到过好几个人，他们对毛毛虫的恐惧，已经到了非常糟糕的程度。有时候他们听到毛毛虫三个字，可能就会全身起鸡皮疙瘩。

怎样治疗这样的人？理论上来讲很简单，就是把他们一看见毛毛虫就觉得很亲，或者说把他们内心高度依恋关系的需要，稍微削弱。那么，他们再看到毛毛虫的时候，就会有这样的感觉：我本来就离你很远，我本来就比你强大。这样，他们对毛毛虫的恐惧会下降，梦见毛毛虫的频率也会减少。

关于行驶的梦

做开车、开飞机、坐火车或骑自行车的梦，往往关乎疏离和亲密，也可能意味着对某种亲密关系的控制，是变被动为主动的一个过程。

比如，有的人梦见坐火车。火车要经过一处非常危险的地段；有的火车甚至要笔直朝上开上一段悬崖；还有的火车下面根本就没有轨道，而是在光溜溜的岩石上滑行。这些可能都会给人带来巨大的恐怖。

这样的梦境可能反映，这个人要么在现实的人际关系中，出现了一些强迫式重复的失控行为；要么在早年的关系中，他没有办法控制周围的环境。比如，他没有办法控制爸爸妈妈不吵架，或者他没有办法控制爸爸妈妈亲密关系的中断，或者他没有办法控制爸爸妈妈把他送到爷爷奶奶家去生活的事实。这些印记，往往就会出现在他成年后的梦里。

被生物侵入的梦

一个人经常梦到自己的身体被蚂蟥、老鼠或者其他生物侵入，整个人处在高度紧张和焦虑的状态中。

心理动力学对这种梦的解释是，有可能在他早年的亲密关系过程中，他和原始客体的关系边界不清晰。原始客体的某一个人或者某几个人，可能对他实施了语言的虐待，或是在很多

需要他有完整的自我功能去应对的事情上，他的自我功能受到
了原始自我客体的干扰。

比如，他需要高度集中注意力搞定学校作业的时候，爸爸
妈妈在旁边过度干扰和指责，他的自我功能就破碎了。他被指
责的状态，相当于爸爸妈妈通过语言进入他的身体。成年后，
他就在梦里以强迫性重复的方式来感受自己的身体被侵入。

梦见老鼠

老鼠，是梦里经常出现的一个形象。这个形象对不同的人
来说，可能也有不同的意义。

有一个女学员对我说，她从青春期开始一直到现在的三十六七
岁，经常梦见老鼠。要么是调皮的男同学把老鼠放在她的书桌
里，要么是她走在路上的时候，调皮的男同学把老鼠丢到她的
书包里。更恐怖的是，她经常梦见满枕头和满床都是老鼠，她
睡在了老鼠堆里。

她家里的情况是这样的：她有 6 个哥哥，她是家里最小的，
而且是唯一的女孩。我听到这些信息后，问她：你觉得老鼠跟
男性生殖器，有没有什么相同的地方？

她当时说有点像。我继续问：那你们家的老鼠是太多了一
点？她听后的反应是，直接把椅子往后挪了一下，流露出一种
非常惊恐的样子。具体的解释就是，青春期后，她对男性有些

感觉。在家里，除了她的 6 个哥哥外，还有爸爸，他们身上都有可怕的象征性的"老鼠"。

梦里的潜意识象征被我们的意识理解后，它可能就不需要在梦里反复呈现了。

激动人心的探梦之路

在治疗过程中，治疗师听一位来访者讲梦，需要把自己分成两个部分：一个部分是这个梦带给自己的身体和情绪的感受；另一个部分是来访者的叙述方式，带给自己的身体的感受和情绪的感受。

雷正则医生说，此时和我们给来访者做心理动力学讨论的时候一样，我们都需要高度关注我们的反移情。反移情是一个治疗师探索来访者内心世界的最好工具。当然，只有在一个前提下，它才是最好的工具——你能够觉察你的反移情，并且知道它的意义。

关于梦，也许是一个永远都谈不完的话题。特别是对做精神分析治疗的治疗师来说，梦是一个巨大的黑洞，可以吸引我们全部的注意力。而且，分析梦是一件非常激动人心的事情，因为它是一条通向我们潜意识深处的最好的路。一路上，真是风景无限。

小结

- 弗洛伊德认为，梦是通往潜意识的康庄大道。
- 对梦的解释大多会引起做梦者的阻抗，这可能表现在对梦给予非常详细的联想或犹豫不决的联想。
- 任何情况下等待来访者的想法都是值得的，去了解他想起梦中什么内容，鼓励他对梦继续进行思考。
- 对梦进行解析能够促使治疗师更好、更快地理解实际的治疗情境、移情及反移情。
- 梦使得来访者和治疗师之间能够进行深入亲密的交流，梦经常引领来访者及治疗师进入内心隐藏的潜意识世界。

梦的个体性的重要阐述：

- 每一个做梦个体都有必要反复地进行推论的过程。每一个梦都是高度特异的个体产物，而且也必须被这样看待。因此，必须通过考虑做梦者的真实情境以及梦被植入的情形来阐释梦的主观意义。
- 即使正常的或重复的梦存在，也没有大体上有效的象征存在。
- 尝试创造总体的梦的象征，更像是生产童话尾巴，而不是科学的内省力。

揭示我的一个梦

曾氏语录：
·做梦者将梦的每一个片段进行连接的心理过程可以使梦进一步浮现。

我做的一个梦

通过梦，的确可以发现一个人非常深层的潜意识。

1998 年 10 月，我在武汉参加了一个精神分析的培训。第一天培训结束的时候，教员布置任务说：你们今天晚上就回去做梦，然后把做的梦写下来，几个月之后，我们在成都的培训课程的小组里进行分析。

我记得非常清楚，当天晚上我是做了梦的，但是醒来后想不起来了。想不起来，本身就有意义，也许是因为我和这个小组或教员的关系问题，使我做梦后产生了阻抗，不愿意把梦暴露在一批搞精神分析的人面前。

第二天，我也做了梦。这个梦就非常清楚，我一醒来就把它写在了纸上。这个梦的显梦是：

我在家里待着，是两室一厅的房子。外面有人敲门，我打开门看见是德国专家拉托（Nothow）先生，他55岁左右，已经在我们医院工作了一年半。

我让他进来，把他领进我的卧室，卧室里没有床，只有一张斜着摆的茶几，茶几两边分别有一个小凳子。我们仍然是站着，我拿了一盒烟，抽出两支，一支给他，一支我自己拿着。我点燃打火机，把他的烟点着。

这时我突然想起来，自从我妻子怀孕之后，我就没有在卧室里抽过烟。我走到窗边，推开窗户，想让烟味散出去。我回头看了一眼德国专家，心想我推开窗户让烟味散出去的这个动作，会不会让他感觉有点不舒服。

我这个梦反映了什么

我说完这个梦之后，大家就开始分析。

同性恋

首先发言的是我们小组里一位师姐级的人物。她没和我客气，直接说，这个梦反映了我同性恋的冲突。

我说为什么，她说："因为那个男性德国专家到了你家之后，你不同寻常，你没有让他在客厅里坐着跟你说话，而是把他带进了卧室；同样，这个梦，反映了你对同性恋的排斥，也就是说你把他带进卧室，让卧室里没有床，意思就是你不愿意跟他做一些与床上运动有关系的事情。这种冲突如果简单地说就是：你让他进了卧室，又没有进一步跟他发生其他事情。"

从精神分析的角度来说，每个人都可能是潜在的同性恋，或者说，每个人都可能是潜在的双性恋。在我的意识层面，我丝毫感觉不到我对同性有性的兴趣，但是我可能是有的。这会以一种我自己和社会允许的方式，在日常生活中表现。

比如，我会跟一些我欣赏的男人喝酒，跟男性在一起很长时间，跟很多男性保持很长时间的友谊。这些从心理动力学角度来说，都是象征性的同性恋的行为。

但是需要强调一下，我们说某一个人具有双性恋倾向的时候，并不表示他这一辈子会有同性恋的行为。再进一步说，现在同性恋不再是一种疾病。早在多年之前，在中国的精神疾病诊断标准里，就已经把同性恋排除在了精神疾病之外。

工作与现实的冲突

有个同事认为，这个梦反映了我在工作和现实之间的冲突。他说："因为这个男性德国专家是你工作上的同事，而你把他直接请入你的生活领域，也就是你的卧室，这表示在你和他之间，你有点分不清楚工作和生活。"我也同意他的分析。而且我还觉得，我跟这个德国专家之间，我的确是有意地把一部分工作的关系转换成生活上的关系。

为什么？因为那段时间，我们单位有4个德国人，他们分成了两个派别，而且在工作上有非常激烈的冲突，可以说除了没有打架，其他任何形式的冲突都有。

我作为他们的领导，需要协调他们之间的关系。我非常清楚地知道，如果我按照他们任何一方的建议来做，都可能会得罪另一方，所以我采取的方式就是不听他们的，我按照自己对所发生事情的理解，按照中国的国情来独立决定怎么处理这些事情。

同时，为了跟他们保持比较好的关系，我会与他们发展比较好的个人友谊。比如请他们吃饭，跟他们聊一些与中国文化、饮食、历史，或者跟德国文化、饮食有关的事情。逢年过节，我也会以单位或者我个人的名义，给他们送小礼物。我这样做是在避重就轻，回避的是工作中的冲突，加重的是我跟他们之间的私人连接，使这些来帮助我们的德国专家在中国能够心情

愉快地工作与生活。当然，前提是医院的工作不过多地受他们
之间冲突的影响。

对做父亲的担忧，对孩子的不满

有人分析认为，也许在面临做父亲这件事情上，我可能有
冲突。也就是说，在做父亲之后，我的工作可能会受到很大影
响。因为这个梦，同样也反映了工作跟生活的冲突；卧室里没
有床，这是对妻子和孩子的攻击；在卧室里抽烟，不管怎样都
意味着对孩子的攻击。

还有个朋友分析认为，我打开窗户也许是想把某一个人扔
下去。比如，把即将出生的孩子扔下去，因为他可能会干涉我
的工作、我的事业，或者说我实现个人价值的野心。

想回到子宫

另一个朋友分析得更深刻一点。他说，在我推开窗户之后，
可以看到长江，长江是有很多水的地方，而一切与水有关系的
东西，可能都跟母亲的子宫有关系。

我们都是在母亲子宫的羊水里，待了几个月才来到这个世
界上的，所以我们潜意识层面都有强烈的退行到母亲子宫里的
愿望。这实际上也是每个人在面对激烈的现实冲突的时候，能
够想到的逃避方式。

道德与本能的冲突

还有人认为，这个梦里茶几是斜着摆的，"斜"这个表示方向的形容词，跟"邪恶"这个形容道德堕落的形容词的"邪"同音，这其中有可能在做超我的判断。也就是，把德国人引进卧室是邪恶的，做同性恋也是邪恶的，对孩子的攻击同样也可能是邪恶的。从这些也可以看到，梦里呈现了道德与本能之间的冲突。

我哥哥和我的关系

在过去的岁月里，这个梦和当时的分析被我打成了一个包，束之高阁，我没有对这个梦再进行更深入的分析。现在，我突然发现这个梦里还有很多可以探讨的地方。

比如，我和这个大我 20 多岁的德国同事的关系。在现实层面，我们有很好的私人友谊；在工作上，他是我的下属，在我们医院工作。此外，他对我们医院的专业和行政管理的参与会被限定在一个范围里，而在为医院争取德方专业方面和资金援助上，他有非常大的自由度，也有非常大的贡献。

还有个细节，也许对我们进一步理解这个梦有意义。我知道第一期中德高级心理治疗师连续培训项目（简称"中德班"），但是我不想参加。我觉得我们医院就是一个中德合资的医院，我见识了很多的培训，所以我不需要参加中德班。但是拉托先生非常坚定地认为，陈立荣和我应该参加这个培训。

因此，1997 年在昆明办第一期培训的时候，拉托先生直接给我们买了飞机票，拽着我们到武汉机场，飞了两个小时到达昆明见他的那些德国老乡，说武汉中德心理医院有两个人要加入他们的培训。但是中德班组织是非常严谨的，中途加入需要通过委员会的批准。在我们陈述了医院的特殊情况后，他们说要开会决定。

在第二次培训的时候，我和陈立荣才加进去。我进的是精神分析组，陈立荣进的是家庭组。这是拉托先生对陈立荣和我，以及整个医院的未来，做出的重大贡献。

在梦里，我和他在卧室里抽烟的那种感觉，也许和我的哥哥有关。

我们家有两个孩子，我哥哥和我。我哥哥比我大 9 岁，是 20 世纪 70 年代整个社会都不太重视读书的氛围下拼命读书的一个人。恢复高考之后，他是湖北省第一届高考的第一名，他的分数是 305 分，当时进入北大只需要 280 分，他完全没有悬念地进了北大。

进入北大之后，很多人的英语都需要从 A、B、C、D 学起，但是我哥哥那时的英文单词量已经达到 5000。大家可以想象，他是舍弃了多少娱乐，才能够达到这样的水平。

他整个的生活也是清教徒似的。对他来说，抽烟和喝酒简直就是十恶不赦的事情。所以在跟他打交道的过程中，因为他的管教或者说我对他的认同，我想一定有很多东西在我这里是被压制着的。同时，我又很反抗他的生活方式。参加工作之后，我抽烟喝酒，实际上是想在与他的关系中保持独立性。也就是，我如果要避免被你吞噬，一定要做一些你认为是罪恶滔天的事情，比如抽烟和喝酒。

我在梦里把拉托先生领到卧室里，并且给他点燃一支烟，然后我们两个人一起做这样一件在我们看来是小坏事，在我哥哥看来是罪大恶极的事。这可能反映了我内心一种几乎接近悲伤的感情：如果我小时候有一个跟我一起做坏事的哥哥就好了。很遗憾，我哥哥只能跟我一起做一些被主流社会认可的好事。

同样，这也可以解释，为什么我参加工作之后，有很长一段时间跟一群不好好学习，也不会太认真工作，只会在一起吃喝玩乐的人待在一起。当然，我非常感谢那些陪我度过了很长时间调整期的人。从他们身上我知道，在这个世界上还可以有另一种活法，只要我们自己内心允许这种活法即可。

我跟拉托先生的关系，也许代表的是我哥哥跟我的关系。

但是，在我出生和成长的环境里，有一件不同寻常的事情就是，父亲的功能很弱，替代父亲功能的是大我9岁的哥哥。这可能也会让我有一些遗憾，或者说有一些自己都没法察觉的痛。所以跟这个大我 20 多岁的德国人之间的关系，也许有父子关系的移情。

我把他带到卧室里，就是有让他加入这个家庭的倾向。如果家庭里有一个跟我父亲不一样的男性，或者说如果在我跟父亲的关系中，那些缺憾被另一个男性取代，可能会让我有一个更加轻松的、不那么强迫的、限制不那么严厉的童年。

仔细琢磨这个梦，还有很多有意义的细节。

我请拉托先生到我的卧室里，然后递给他一支烟，这有两个人一起做小坏事的感觉。根据日常生活经验我们知道，如果我们愿意跟某一个人做小坏事，就表示我们跟这个人非常亲近。但是做了这件小坏事后，我又做了一种抵消的行为，就是把窗户推开，有一点做了坏事之后毁尸灭迹的味道。这实际上也反映了一种冲突。

如果我和拉托先生的关系，原型来自我和我哥哥的关系，这其中就会有关于亲密、依恋和认同的冲突。具体的解释就是，我和拉托先生一起做一件我哥哥一辈子都没做过的，而且我哥哥也非常反感别人做的事情，比如抽烟，表示我用反抗的方式来拒绝认同我哥哥。

同时，我需要用如此强烈的方式来维护自己的独立性，恰好也表示在潜意识层面，我和我哥哥的连接非常亲密，要不然我就不会做出如此反差大的事情。现在，即使我已经50多岁，我哥哥已经60多岁，但是我们之间的关系，有时候可能还像父亲跟孩子的关系一样。

比如，他从美国打电话给我，一般都会说父亲对孩子说的事情：注意安全。这会引起我强烈的愤怒。我觉得他对我的健康和安全的过度关心，有可能来自他自己的俄狄浦斯冲突。因为有了我之后，父母的注意力过多地放在我身上，而忽略了他。这会导致他有被抛弃的感觉，所以他的潜意识里可能对我有毁灭性的、攻击的愿望。

然而，这涉及一个很大的难题：他是北京大学物理学博士，他眼中的世界，是可以被数学方程式描述的，他是生活得超级理性的人，对一个人潜意识层面可能拥有什么东西，他并不太感兴趣。所以，有很多潜意识的东西通过某种变形呈现在他的言行中的时候，会导致他在现实生活中的一些困难或冲突。

我虽然是从事心理治疗的，但是因为跟他之间的爱恨情仇过于浓烈，没有办法站在中立的立场给予他帮助。这个世界上可能有很多人可以帮助他，但不是我。

文化冲突

在这个梦里，还有关于中德两种文化之间的冲突。这种冲突在我和拉托先生之间，呈现得非常清晰。

通常，我们会认为中德文化差异非常大，在很多社会现象，包括商业现象中，我们都发现德国人跟中国人的待人接物方式非常不一样。但是，我从20岁左右就跟德国人在一起生活和工作，我受的精神分析训练也主要来自德方的教员，而且精神分析这门学问就是在德语国家开始兴起的，所以我跟他们有千丝万缕的联系。在意识层面，比如医院怎么管理，我们的确有很多看法上的不一样，但是从人和人的接触上来说，我觉得中国人和德国人之间，真的可以非常亲密，也有很多相同的地方。

人为地过分强调文化或种族之间的差异，是我们的疾病，这是在为制造冲突寻找借口。很多时候，我们不需要过度强调文化和种族之间的差异。人类可以跟家里的宠物狗、猫和平相处，我们与宠物之间有非常大的差距，但是只要我们不强调我们与它们之间的差异，就不会有冲突。也就是说，我们需要更加在意的是我们可以在一起和平相处的那些共同因素。

满足家里来客人的愿望

在这个梦里，我邀请了一个来自远方的客人到家里来，这让我联想到我自己的家庭。我小时候，父母基本上没有请过客人到家里来。唯一的一次请客，发生在我七八岁的时候，客人是我妈读军校时的同学，她跟我妈是上下铺。她的家在恩施，我们家在一个小镇上。我妈的老战友要来我们家，我妈提前两三天准备吃的东西。在我童年的时候，这好像是一件非常重大的事，因为我们家并不是一个非常好客的家庭。当时作为一个孩子，我是希望家里来人的，但是我们家是一个相对封闭的、对友谊和过度亲密比较排斥的家庭。

也许是因为反向形成，后来在我自己家里，我永远都欢迎各式各样的人来做客。在梦里，实际上也呈现了这样一幅图像：远方的客人，请你来吧。然后，在我家里我们可以做一些在我小时候绝对不可能做的事情，比如一起抽烟。

没那么想当爸爸

做这个梦的时候，离我正式成为爸爸还有差不多半年时间。这可能会引起我即将从男孩变成男人的焦虑。这时候，我可能需要来自另一个男人的一些支持。在梦里，我把他带到我的卧室，实际上有一种让他参与进来，并支持我比较弱的部分的意味。

从关系的角度来说，我和他一起做这样一件"坏事"，实际上相当于我把我哥哥希望堕落、希望做一点坏事的潜意识的愿望见诸行动。也就是说，我在多年的时间里，打麻将、抽烟、喝酒，跟一群男人一起吃喝玩乐等，都可能是我把我哥哥内心压抑的堕落的、不负责任的愿望见诸行动。从这个意义上来说，我和我哥哥是互为表里的。

在我的环境里便于我控制你

还是从关系角度来说，也许是因为在我的早年关系中，我对同性有很多敌意，没办法表达，所以在这个梦里把一个年纪比我大很多的男人，引入我控制的范围内，这样他必须听我的。这时候他是客人，对周围环境没有我熟悉，而且他作为客人必须遵守主人家的各种规定，等等。这些都使他进入我的领域。简单来说，就是我在主场作战，而使对方在客场作战，这样我可以占明显的心理优势。

小结

- 对梦的试验性研究的重要发现：没有什么事情是和梦一样的。

- 在多数梦中，视觉感知占主导地位（60%），但也有听觉现象以及躯体感觉发生（很少：嗅觉或味觉）。梦中的思维过程也能够被检测到，甚至比感觉及情感频繁。

- 如果梦中出现情感内容，它们会和觉醒状态具有同样的品质（例如：暴怒、烦恼、焦虑、厌恶、喜悦、兴趣、哀伤等）。在梦中最明显的情感是喜悦，甚至多于烦恼或焦虑。

温尼科特的母婴关系新视角

曾氏语录:

· 每一个孩子都是父母天然的心理治疗师。

· 精神分析揭示了父母与子女间相互"残杀"的关系。

温尼科特自创学派

温尼科特是英国人,是重要的精神分析客体关系理论家。在 20 世纪三四十年代,英国精神分析协会分成了两个相互对立的小学派:一个是以安娜·弗洛伊德(Anna Freud)为首的自我心理学派,还有一个是以克莱因为首的客体关系理论学派。它们之间曾经有非常大的冲突,最主要的冲突观点就是在儿童的精神分析过程中应该怎么做。

安娜·弗洛伊德的观点是这样的：因为儿童的自我功能很弱，所以在给儿童做精神分析治疗的时候，需要有更多的教育引导。而克莱因的观点恰好相反，她认为儿童的自我功能不仅不弱，甚至比成人更加强大，所以怎样给成人做精神分析，就怎样给孩子做精神分析。克莱因曾经说过，对于儿童精神分析师来说，在儿童身上发现巨大的自我功能和领悟力，是非常让人吃惊和喜悦的事情。

两个学派之间的争论持续了很长时间。有一个小故事，可以说明安娜·弗洛伊德阵容和克莱因阵容之间的冲突到了何种严重的程度。

二战期间，德国飞机频繁地轰炸伦敦。有一次，英国精神分析协会正在开会，两派又发生了冲突，这时候防空警报响了，温尼科特作为主席，在台上拍了拍桌子说，敌人的飞机来轰炸了，我们要到防空洞里去，但是没有人理会。所以，有精神分析的历史学家评价说，发生在英国精神分析协会内部的这场战争，比外面的世界大战还重要。

温尼科特是克莱因的学生，他不愿意参加到这两派的冲突中，所以他和另外一些人创立了所谓的中间学派，或者说独立学派。也就是说，他既不赞成克莱因的观点，也不赞成安娜·弗洛伊德的观点。

长期的临床经验

在二战期间，温尼科特被政府指派到儿童避难所工作，这一工作就是很多年。有人对温尼科特这段时间的工作量做了统计，发现他在这段时间里直接帮助了 64000 对母婴，这个数字真是非常庞大。温尼科特在接受记者采访的时候说，"那段时间我甚至不知道外面正在发生世界大战，我满脑子都在想着母亲跟孩子"。

我们相信，因为温尼科特这段时间的卓越工作，使得战争结束后，母婴两代都得到了非常好的心灵护理。这对重建这个国家有不可估量的积极影响。

在长达 40 年的时间里，温尼科特都在英国的一家儿童医院工作。这让人觉得英国的孩子真是太幸福了。因为他们可以得到温尼科特这样优秀的心理治疗师的关怀。

功德无量的科普宣传

温尼科特说过，很多病人需要我们给予他们利用我们的能力。意思是，如果有人生活在心灵疾病的痛苦中，严重到了自杀的程度，那不怪他们没有来找我们，而是因为我们宣传得不够。

我曾经说过，如果一个病人不来找我的话，那我就帮不了他的忙。我的这句话跟温尼科特的话相比，显然境界要低得多。我的话感觉有点小乘佛教的味道，我们只要做好自己就可以了，但是温尼科特说的话有大乘佛教的境界，我们除了渡己之外，还需要渡人。

所以，作为心理学专业人士，有责任做专业知识的普及工作，以便让更多的人在他们处境糟糕的时候，能来找我们谈一谈。

很多影视作品中呈现了某些人看心理医生的情节，这对很多人在生活中走进心理治疗室产生很大的作用。

温尼科特利用当时刚刚出现的电视做了很多关于心理学科普的演讲，特别是关于如何培养一个健康人格的孩子的演讲。让很多人懂得利用咨询师的能力，而这种利用，有时候不仅仅是使人获得健康，而是拯救生命。他所做的这项工作，功德无量。

在我国，也有一些心理工作者通过各种媒体进行心理学科普工作。我国每年有数万人成功自杀，如果通过媒体的宣传，在他们要决绝地离开这个世界之前，他们有机会知道自己可以寻求别人的帮助，我相信可以避免很多人生悲剧和家庭悲剧。

假性自体和真性自体

假性自体："好孩子"身上厚重的壳

温尼科特提出了一些看起来不像专业术语的专业术语，非常通俗。这些术语不是经过大脑皮层，不是通过逻辑推理、归纳总结这样的智力加工过程制造出来的，而是用直觉来感受现象，然后给出直觉性的定义。直觉往往高于逻辑推理、归纳总结。按照哲学家巴鲁赫·斯宾诺莎（Baruch de Spinoza）的说法，直觉是最高级别的知识。

我们来看看精神分析的老祖宗弗洛伊德，他提出的一些术语，一般人都会有排斥甚至恶心的感觉，比如肛欲期、生殖期、阉割焦虑等。但是在温尼科特的术语体系里，术语往往一目了然，一看就知道大概说的是什么意思。比如，假性自体、过渡性客体、足够好的妈妈、恰到好处的挫折、抱持性环境、母婴间隙等。这里，我们先来了解一下假性自体。

假性自体有点像包裹在真性自体外面的一个壳。这个壳来源于这个人早年的生活环境中有很多危险，需要建立一套保护系统，让真性自体免受外面的风吹雨打。

比如，在非常复杂的家庭人际关系中，孩子要活下去，往往要变得八面玲珑。因为在家庭的人际冲突中，所有人可能都想让孩子站在自己这边，所以孩子需要学会"见风使舵"，以使自己在这种关系中获得最大的利益。在这样的环境中长大的孩子可能就会有一层很厚的壳。这个壳是由各种各样的防御组成的。

发展孩子的真性自体

还有一些孩子，我们跟他们打交道的时候会发现，他们在人际关系上可能有那么一点傻傻的感觉。如果我看到这样的孩

子，我会本能地联想，他们一定是在外界危险不严重的情况下
长大的。这里所说的傻傻的感觉并不是智力上的傻，而是孩子
生活的环境如此安全，以至于他们不需要让自己变得那么聪明。
这些孩子就具有真性自体。

真性自体从何而来？在非常早年的时候，妈妈如果能够非
常细腻地感受孩子的感受，并且能够给孩子提供及时的需要，
孩子的真性自体就能成长得很好。

但是，如果妈妈是一个严重忽略婴儿的人，或者自己处在
产后抑郁的状态中，她没有能力去触及或满足婴儿细腻的幻想，
这个孩子就不可能形成完整的心理上的自体，那么他的人格可
能就是一种破碎的状态。

母婴关系新视角：从来没有婴儿这回事儿

温尼科特有非常独特的视角，他关注的不再是妈妈或者孩
子单个人的状态，他关注的是妈妈和孩子之间的关系和相互作
用是怎样促进或阻碍孩子的发展的。

温尼科特有一句名言：这个世界上，从来没有婴儿这回事
儿。因为婴儿是不可能独立存在的，你如果看见一个婴儿，一
定会同时看到他的照料者，比如他的妈妈。这说明母婴关系对
孩子成长的重要影响。

这是一个里程碑式的角度。同时，这个观察的角度，也是后来在美国兴起的自体心理学派的思想先驱，他们之间有很明显的传承关系。也就是说，虽然科胡特对自体心理学的贡献最大，但是他的思想源泉来自英国的温尼科特。

妈妈为什么会恨孩子

有一次，一位妈妈带着她 25 岁的儿子来找我。这个妈妈觉得以她一生的工作、生活经验，她应该还有很多可以教会她儿子的东西，但是她儿子坚决拒绝妈妈给自己灌输的思想或行动理念，结果妈妈跟儿子的关系非常不好。

我跟这位妈妈单独对话。

我说："看得出来你非常爱你的儿子。"她说"是的"。

我又说："实际上妈妈在跟孩子的关系中，除了意识层面能够觉察的爱之外，潜意识里一定有很多对孩子的恨，你能觉察到这个部分吗？"

这个妈妈听了非常生气，用激烈的情绪和语言攻击我，说："你这是什么专家，你竟然说妈妈会恨孩子，你这句话说出去，天下所有的妈妈都会不同意，都会跟你辩论。"

妈妈恨孩子，这话不是我说的，是温尼科特说的。温尼科特认为，正常的妈妈都会恨她的婴儿，他说了 17 条理由。我们在这里总结为 11 条。

（1）婴儿跟她设想的不一样。

婴儿生下来后，往往不是妈妈设想的样子。有很多妈妈跟我说，第一次看到自己孩子的时候，觉得简直有点讨厌，跟她们想象的圣洁灵动的婴儿状态完全不一样，比如皮肤上有皱褶，眼睛睁不开，小手小脚小到简直不敢相信那是手和脚的程度。有好多妈妈甚至会在婴儿出生后的几个小时里，对婴儿没有任何感觉。

当然，这个过程是非常短暂的，只有几个小时，之后，妈妈就会对婴儿有铺天盖地的爱。

（2）关于乱伦的愿望。

所有女孩都曾幻想跟爸爸结婚，或跟自己的兄弟结婚。不过有时候，这种幻想也可能被意识到或者被表达出来。

还是用前面那对双胞胎女孩都想嫁给爸爸的例子来说明这个问题。一对五六岁的双胞胎女孩，在爸爸左边躺一个，在爸爸右边躺一个，这个画面实在太温馨了。两个小女孩都对爸爸说，以后要嫁给爸爸。但是当这两个女孩变成婴儿的妈妈时，她们潜意识里会觉得，这不是她们小时幻想跟爸爸或者跟兄弟生出来的那个孩子。

也许有人听到这样的说法时，会有点不舒服，因为这涉及一个禁忌话题——乱伦。但就专业而言，我们真的需要直面人性中这些非常深刻的，或者是非常阴暗的一面。

作为心理治疗师，我们能听到很多不仅仅是想象上的，而是实际发生的关于乱伦的事情。我相信，这些人是最需要我们帮助的人。

（3）婴儿的出生并不浪漫。

一个刚刚做妈妈的人清楚地知道，她的婴儿不是被神奇地制造出来的。但是我们大家都知道，每一个女孩小时候都曾幻想，通过一件什么神奇而浪漫的事情就生一个孩子出来。比如，做了一个跟自己的白马王子在一起的梦，然后就怀孕了，或者是喝了女儿国的水，然后就怀孕了。但事实并非如此。

（4）被婴儿干扰。

婴儿会对妈妈的个人生活产生很大的干扰。有一位女性朋友说在生孩子之前，她的业余生活很丰富，但是自从有了孩子，她就放弃了所有的爱好，改变了生活习惯。我相信，这是一种巨大的牺牲。当然，很多妈妈对这种牺牲无怨无悔。不过，这是意识层面的。

但是，精神分析是一门关于潜意识的学问，我们需要告诉这样的妈妈，或者当她们对自己的潜意识有更多的觉察之后会认识到，实际上妈妈内心对孩子还是有很多不满的。

（5）不知道为谁生的孩子。

所有妈妈，或多或少会感觉生孩子不是出于自己的意愿，而是来自别人，比如自己的妈妈的压力。到了一定年龄，自己的妈妈会说，"你现在应该要有自己的孩子了"。很多人生孩子是为了安抚自己的妈妈，因为她需要一个孩子。有的女性生孩子，情况更加特殊，是为了替丈夫的家族传宗接代。如果是这些原因而生孩子，当然会积累一些对孩子的怨气。

（6）被婴儿咬乳头，痛死了。

正常的妈妈，或者说天下所有的妈妈，因为婴儿咬自己的乳头，可能恨自己的婴儿。

但是，婴儿咬妈妈的乳头跟他是不是恨妈妈，没太大关系，而是一种习惯性行为。不过这句话需要纠正一下，因为婴儿的确也有可能恨妈妈。为什么？因为他想到自己要活下去，却不能靠自己的能力，而是靠妈妈的乳汁时，会让他的自恋受挫，他可能会恨自己没有滋养自己的能力。所以，他就咬妈妈的乳头。这会让妈妈觉得很痛，有一些怨气——我对你这么好，我把营养给你，你竟然还伤害我。

（7）被婴儿使唤，太不爽。

婴儿对妈妈的态度可能是招之即来，挥之则去。我不需要你的时候，我就睡着了，或者眼睛盯着别处，但在需要你的时候，你又必须立即出现在我的面前，满足我的需要。这也会让妈妈有很不好的被使唤的感觉。

（8）婴儿拿什么来回报。

在人际关系中，如果我们总是给予，而没有得到相应的回报，我们潜意识里肯定会有一些怨气。妈妈为婴儿做了那么多，但是婴儿没有回报妈妈什么，妈妈潜意识里也会有怨气。

（9）婴儿的便便好臭。

德国有一部电视连续剧叫《疯狂女士》，里面有一个这样的情节：一个妈妈在给婴儿换尿布的时候，没有办法遏制自己对孩子大便的厌恶，反复地做出恶心的样子。作为观众，看到这一点时心里会想，这个妈妈不是一个好妈妈。因为好妈妈即便是孩子的排泄物都会去爱，而不会有这种恶心的感觉。

最后，这个疯狂女士妈妈怎样给她的孩子换尿布？她把孩子放在抽油烟机下面，给孩子换尿布，那样气味就直接被抽走了，她可以处在一种相对清爽的状态中。当然，疯狂女士是一个非常夸张的角色。

很多妈妈可能会对自己说，我如果爱孩子的话，就应该爱他那发出糟糕味道的排泄物，因为无条件地接纳和爱是一个好妈妈的标准。但是，如果妈妈这样做了，对孩子的反感情绪就会被压抑到潜意识里，然后会以各种各样的变形方式冒出来，比如开始过度控制孩子。这可能会导致孩子在人格方面出现问题，甚至会导致精神疾病。

（10）婴儿表现出对她的幻想破灭。

婴儿或者大一点的小孩，可能会表现出对理想化的妈妈的幻灭——妈妈，你也不过如此，好多事情你也搞不定，你也不怎么样嘛。

（11）不想让她靠过来。

婴儿有时候也会拒绝妈妈的亲近。有一个女同学告诉我，她那几岁的儿子已经不让她和他过于亲近，她想亲亲儿子，必须要等到儿子睡着以后；他清醒的时候，就不允许她离他太近。这可能也会导致妈妈潜意识和意识层面的很多怨气。

为什么要"挑拨母婴关系"

有人可能会问，为什么一定要强调妈妈对孩子的恨，好像有点儿挑拨妈妈跟孩子的关系？

这样做，的确是有点儿挑拨妈妈跟孩子关系的味道，但这种挑拨能让孩子继续健康地成长。如果一个妈妈只能觉察到她对孩子的爱，而不能觉察到她对孩子的恨和抱怨，她可能会将孩子吞噬，这个孩子以后真的可能会得严重的人格障碍甚至是精神分裂症。

换一个角度来说，假如一个妈妈觉得自己百分之百地爱孩子，她往往就会为自己在孩子面前肆意妄为，想怎么做就怎么做找借口，然后她真的就会这样做。临床中我们看到过太多这样的案例。

如果一个妈妈在孩子面前为所欲为，那么她的孩子绝不是一个健康的人。这种情况下，孩子不可能健康地成长，他没有基本的呼吸空间。有好多妈妈，甚至没有问过自己的孩子，妈妈应该怎么做才是好妈妈。

有一次，一个女性听了我的课后，回去就问她 21 岁的女儿："你能不能告诉我，我怎样做才是一个好妈妈？"女儿想都没想就说："你少管我一点，你就是一个更好的妈妈了。"少管一点的意思就是，你如果带着一点点对我的排斥和恨，那么我们之间的距离就更远了，而我就更有可能做我自己。

在这个世界上活着，最重要的事情就是做自己，而不是在别人近距离的逼迫下活着。

精神分析还有一种说法：父母在孩子的成长过程中，如果对孩子有一点儿恨，并且能够把它表达出来，那相当于对孩子的成长给了温柔的一推（a gentle push）。这一推，可以为孩子塑造真正健康的人格。

温尼科特给了妈妈们一个建议：在孩子恨妈妈之前，妈妈要先下手为强，恨孩子。这里的"恨"，当然不是一般意义上的恨，而是指一种把孩子推开的力量，避免妈妈跟孩子共生。

而在生活和临床中，我们遇到的情况往往是这样的：青春期的孩子对父母已经有了仇恨，父母却在呕心沥血地替孩子着想，爱孩子。这种反差实在是太常见了。

我们让一个妈妈觉察她对孩子的恨，是让她和孩子保持一个恰当的距离，而这个恰当的距离可以让孩子的人格变得更加健康和独立。

有人可能又要问，那妈妈对孩子的恨导致的距离，或者说导致的她跟孩子的关系中的空白谁来填补呢？这也有标准答案——老天会照顾孩子的。也就是说，老天在每一个人内心设置了自然的成长力量，而自然的力量比任何其他力量都要强大。

打个比方，在绘画里有留白的技术，一张白纸，你如果在上面画满了线条和图案，要么显得俗气，要么给人紧张的感觉。所以，高明的画家在一张白纸上随意地勾勒出一些非常简洁的线条或淡雅的颜色，就能表现他内心丰富的情感体验。

一个好画家，与其说他要知道在一张纸上什么地方该画什么，倒不如说他要知道在什么地方什么都不该画，也就是留白。如果把这个道理迁移到父母跟孩子的关系中就是，一个好妈妈，与其说要知道对孩子说什么，倒不如说她要知道不应该对孩子说什么。

留白是非常重要的，父母在跟孩子打交道的过程中要格外注意。

小结

温尼科特列举的正常妈妈恨婴儿的 17 条理由：

（1）婴儿不是她心中设想的那样。

（2）婴儿不是童年的游戏，不是父亲的孩子，不是兄弟的孩子，等等。

（3）婴儿的出生一点也不具备神话色彩。

（4）婴儿妨碍了她的私人生活。

（5）生个孩子是为了安抚自己的妈妈，因为她需要一个孩子。

（6）婴儿伤害了她的乳头。

（7）婴儿是无情的，对待她就像对待一个下等人，一个不领取报酬的仆人，一个奴隶。

（8）从一开始她就只好爱他、爱他的排泄物以及爱他所有的东西。

（9）婴儿总是设法伤害她，周期性地咬她。

（10）婴儿表现出对她的幻想破灭。

（11）婴儿得到了他想要的东西，就把她像橘子皮一样扔掉。

（12）婴儿起先一定是支配性的，他被保护免于偶然事件，生活必须以他的速度展现。

（13）最初婴儿一点也不知道她所做的，或者她为他所做的牺牲。

（14）婴儿怀疑她，拒绝她给的好食物，这使她怀疑她自
　　　己，而他却在阿姨那吃得很好。

（15）度过了一个糟糕的上午，一起出去，婴儿朝一陌生人
　　　微笑，陌生人说："他难道不可爱吗？"

（16）如果她从一开始就抛弃或疏忽了他，她知道他将永远
　　　报复她。

（17）婴儿使她兴奋，但也使她感到挫败——她不能吃了
　　　他，也不能与他性交。

过渡性客体与 60 分妈妈

曾氏语录：

· 孩子在某些能力上的欠缺都是被父母扼杀的结果。

· 父母爱孩子，这从来都不是问题，真正的问题是如何去爱。

圈粉无数的"过渡性客体"

过渡性客体（也有人称为"过渡客体"），是温尼科特提出的一个非常重要的概念。

安娜·弗洛伊德一辈子没结婚，她喜欢的男人就是像她爸爸那样冷峻、情感有点隔离的男人。她自己也是那种比较果决的人。有人问弗洛伊德："你的小女儿安娜·弗洛伊德为什么没结婚？"弗洛伊德回答说："因为我小女儿把我看成了一个小小的上帝，所以她对别的男人不太感兴趣。"

安娜·弗洛伊德不喜欢温尼科特，因为她觉得温尼科特是一个过于温和的人，与她爸爸的形象不太吻合。但是，在温尼科特提出"过渡性客体"这个概念后，安娜·弗洛伊德的评价非常高，她说，"过渡性客体这个概念，迷倒了伦敦所有的精神分析师"。

我觉得这个评价很符合温尼科特的风格，是一种直觉性的评价，而不是从科学角度来评价这个概念是什么样子。

什么是过渡性客体

什么是过渡性客体？就是既不是主体，也不是客体，是主体和客体之间的地带。说得再具体一点，它既不是妈妈或妈妈的乳头，又不是婴儿自己，而是在婴儿跟妈妈之间的一个存在物。

带过孩子或做过婴儿观察的人都知道，几岁的孩子不可能是一个独立的存在，除了妈妈以外，可能还有另外一个存在，就是他喜爱的玩具或宠物，比如一个毛毛熊，一块小毛巾，一个脏脏的毯子，或者一个小的宠物。这些都是过渡性客体。

当婴儿可以自由地控制自己的手脚、大小便的时候，就不再特别需要一个身外之物作为过渡性客体。也就是说，控制自己，就能够满足自己的全能的需要。

第一个过渡性客体：大拇指

第一个出现的过渡性客体是孩子的大拇指，它对孩子很重要。

在婴儿刚出生的时候，妈妈因为原初母性贯注，会全力以赴地对待婴儿，只要婴儿有丝毫需要，妈妈都能在老天设计的程序之下感受到这些需要（男人真的是没有这种能力），然后满足婴儿。

慢慢地，孩子大一点了，妈妈的注意力就可能朝其他方面分散，比如想重温没有孩子以前跟老公的亲密关系。这时，孩子往往就会感觉到妈妈和妈妈的乳头不是能被自己任意控制的。

为了修补这样的失望，他把自己的大拇指看成象征性的妈妈的乳房，在需要的时候，一伸手就可以把大拇指塞到自己的嘴里。很显然，虽然大拇指提供不了乳汁，但是的确可以对婴儿产生很好的安抚作用。

学习精神分析，婴儿观察是一门非常重要的功课。如果你做过婴儿观察的话，可能经常看到这样一幕：一个婴儿慌乱或者焦虑的时候，会用非常快的速度把自己的大拇指塞到嘴里。当他把大拇指当成乳头来吸吮的时候，他会变得一脸安详。这时，大拇指就提供了安抚功能。

过渡性客体对孩子的意义

大拇指或毛毛熊，既不是妈妈，也不是完全的自己，而是

介于自己和妈妈之间的一种存在。这时候，实际上婴儿处于一
种比较难受的状态。因为妈妈不是百分之百靠得住，而婴儿对
自己的手脚、大小便的控制能力还没完全成熟。因而婴儿需要
自己无所不能地控制某些东西，这些东西即过渡性客体，对婴
儿的人格发展具有非常重要的意义。

婴儿对过渡性客体抱有强烈的控制欲望。当然，我们所说
的过渡性客体，不仅仅是婴儿身体的一部分（大拇指），更表示
身外的物品，即"非我拥有物"，比如一个毛茸茸的熊、一块毛
巾、一张毯子等。

孩子在刚出生的时候，会把妈妈当作自己的一部分，从妈
妈的身上孩子能够获得安全感。过渡性客体就是孩子在成长过
程中，用来替代妈妈所给予的安全感的完美替代品，成为孩子
人格的一部分。

孩子需要对这些过渡性客体有绝对的控制权，即使已经很
破，或发出难闻的味道，他也不允许别人改变它们。比如，孩
子上幼儿园的时候，妈妈把他的毛毛熊洗干净，等孩子回来再
看到它的时候，孩子会感觉不是原来那个了。这对孩子来说，
可能是糟糕的事情之一，会让孩子有自己的人格被弄破碎了的
感觉。

我曾看到这样一幕：一个三四岁的小女孩，她先是很温和、
很喜爱地抱着一个布娃娃，突然，她用非常大的劲狠狠地摔打

布娃娃。我惊呆了，甚至感觉有点残忍。我当时想，是一种什么样的力量，让她可以对自己几分钟之前还非常宠爱的布娃娃如此残忍？

现在，我们知道她为什么会这样了。因为她并不是真的要把这个布娃娃怎样，而是要体会那种"我对你有绝对控制权"的感觉，就像几个月大时对妈妈乳房的控制一样。

实际上，孩子这种源于控制的无所不能的感觉，在成人身上也有表现。一个健康的男人或者女人，在甜蜜的恋爱中都会自觉、不自觉地想要百分之百控制对方。

在亲密关系刚开始的时候，因为很新奇，可能双方都会退行到这样的状态，并且在这种婴儿对母亲式的控制中，享受到很多退行到早年时的乐趣。这真的非常滋养人。

但是，随着两人关系的发展，很多理想化的东西破灭，两人如果还继续保持这样的相互控制，或者说全能控制的状态，可能就会导致关系中的很多冲突，甚至两人关系的解体。

毕竟，任何人都不可能永远回到婴儿时代，我们只能在某些时候，跟某些人在一起的时候，回到我们的婴儿时代。

带着奶瓶上大学，有病还是可爱

有人问了我这样一个问题：假如一个孩子到了十八九岁，已经有能力很好地控制自己的身体，他还有一个所谓的"非我拥有物"，比如带着一个毛毛熊上大学，或在大学里挂着奶瓶去上课，这样的人是不是有问题？因为他没有把过渡性客体在该甩掉的时候甩掉。

我的回答是：我们不能通过单一的表现来判断一个人是不是有心理方面的问题。假如这个带着毛毛熊或者奶瓶上大学的男孩或女孩，情绪基本稳定，有和谐的或基本和谐的人际关系，那这样的做法，不仅不是有病，反而非常可爱。

明代张岱《陶庵梦忆》中的《祁止祥癖》说："人无癖不可与交，以其无深情也；人无疵不可与交，以其无真气也。"意思是说，一个人没有癖好是不可以和他交往的，因为他没有深厚的情感；一个人没有瑕疵和缺点也是不可以和他交往的，因为他没有真性情，没有活力，是不好玩的人。我想，如果所有人都一点毛病没有，那活在这个世界上就没有太大的乐趣。

60 分妈妈，就是足够好的妈妈

温尼科特最著名的概念是"Good enough mother"，直译是"足够好的妈妈"，或者"够好的妈妈"。但是，这样翻译容易引起妈妈们或专业人员的误解，经常适得其反，变成"过于好的妈妈"。

后来，我把它翻译成"恰到好处的妈妈"，似乎也不是太对。

再后来，我把它翻译成"刚刚好的妈妈"，觉得也有问题，没有达到温尼科特那种"提出的概念一看就知道是怎么回事"的效果。现在，我把它翻译成"60分妈妈"，应该很难引起歧义了。

足够好的妈妈，是介于糟糕的妈妈和完美的妈妈之间的妈妈。如果糟糕的妈妈是0分，完美的妈妈是100分，足够好的妈妈应该是60分。

60分妈妈，这是比较有特色的翻译。大家都知道，我们参加任何考试，60分就及格了。做妈妈，60分既过了关，又没有太浪费——做到60分，把另外40分的精力用来做别的事情，而不是以100分的辉煌成绩来完成做妈妈的考试。

不同的妈妈，不同的做法和结果

糟糕的妈妈和糟糕的孩子

一个孩子，在周围没人的情况下爬到了高处，等他感到危险的时候，便开始哭。此时孩子感受到了最大的恐惧和绝望，妈妈如果还没有出现，就是糟糕的妈妈。孩子如果在危险的情况下长大，完全没有安全感，他可能在人格上会"弱不禁风"。

完美的妈妈和糟糕的孩子

完美的妈妈是怎样做的呢？她会一秒不停地盯着孩子，一旦意识到孩子的行为可能有危险，就会把孩子抱下来。可能孩子刚爬上去，还没感到任何恐惧就被抱了下来。孩子安全了，却丧失了一次体验自己的焦虑和恐惧的机会。

有一个完美的妈妈，孩子长大后得人格障碍或精神分裂症的可能性非常大，这在临床上很常见。

一个人不管做什么，只要试图做得完美，就表示没有办法承受自己做得不完美导致的屈辱感，那么就会把所有的不好都投射给他人。反过来说，如果我们跟一个人打交道，觉得他完美无缺，那么关系中的问题很有可能就要由我们来承担。这是不公平的，因为这个世界上没有完美的人。

在完美的妈妈和孩子之间，也会发生这样的投射。当一个妈妈对自己要求完美的时候，她就会把自己的不完美投射给她的孩子，对自己不好的地方视而不见，于是孩子变得越来越糟糕。这就是为什么我们在临床或者生活中，看到很多完美无缺的妈妈，她们的孩子却一塌糊涂。

比较好的关系是，我们每个人承受一部分不完美，压力就不会在一个人身上。大家在这种关系里待着，就会有舒服、轻松和好玩的感觉。

60分妈妈和人格健康的孩子

在60分妈妈的照顾下是什么样的情况呢？当孩子爬到高

处，感觉到极度的恐惧，并且将达到绝望状态的时候，妈妈走过去把他抱下来，让他处在安全的环境中。60分妈妈的做法，不仅让孩子体验到了他应该体验的关于安全和危险的东西，也体验到了自己逐渐增长的失望的情绪，不过还没到绝望的状态。

如果一个妈妈反复这么做，孩子就会有一种渗透到人格层面的信念：在我的情况变得最糟糕的时候，一定会有人帮我。这种信念可以成为他内心强大的力量。

60分妈妈最能培养健康人格的孩子。而且，60分也应该是所有关系的标准。

孩子会从妈妈的表情中看到自己

温尼科特还有一种有趣的猜想：想象一下，在孩子看着妈妈的脸的时候，孩子看到的是什么？温尼科特非常智慧地回答：看到的是孩子自己。也就是说，妈妈的脸就像一面镜子一样，可以照出孩子是什么样的状况。

孩子看着妈妈的脸，假如妈妈的脸充满爱和轻松的感觉，孩子就会对自己有这样的感觉，"我是可爱的、完美无缺的，并且不会遇到倒霉的事情"；如果妈妈的脸是焦虑的、担心的，孩子就会想，"原来我不够可爱，而且我会遇到倒霉的事情，我不可能把我该做好的事情做好"。可以说，孩子每天都在被妈妈的脸，或者说妈妈的脸部表情催眠（当然，孩子不仅仅是从妈妈的脸部表情中，也可以从妈妈的肢体以及肢体语言中，感受到自己）。

这种催眠可以是正向的，也可以是负向的。

| **延伸阅读** |

荣格的幻觉

荣格某一段时间曾经得过精神分裂症，他有很多的妄想、幻觉。

有一次，荣格门口的一条大街正在维修，警察去敲荣格的门，荣格穿着睡衣开了门。警察对荣格说："荣格博士，非常对不起，我们在你门口的这条路上会弄出一些声音，可能会影响你的思考，但是我们会尽快完成修路工作。"

荣格当时的反应是这样的，他说："你们在外面弄出什么声响，都不会对我有影响，因为我正在被5岁的我折磨得要命，注意力完全都不在外面。"

这个警察知道荣格有时候会说出一些惊人之语，觉得没什么。但是，荣格接下来的动作让这个警察落荒而逃。荣格把自己的睡衣口袋拉开，让警察看："你看看，5岁的我在里面活蹦乱跳的，搞得我心神不宁。"这件事真是有幻觉的味道。

荣格曾经抱怨过：世人不知道我出现的幻觉的意义，世人也不知道我对这些幻觉的思考对整个人类的意义。

小结

- 直觉是最高级别的知识。
- 过渡性客体：既不是主体，也不是客体，而是主体和客体之间的地带。
- 不能通过一个单一的现象来判断一个人是否有心理方面的问题。
- 好的母婴关系是每个人承受一部分的不完整，然后压力就不会在一个人身上。

⟋⟋

母婴间隙和创造力

曾氏语录:

· 父母对待孩子的方式和态度，造就了孩子的性格。

· "青春"之所以被深深记得，是因为成长之痛。

母婴间隙

恰到好处的挫折

恰到好处的挫折，也是温尼科特创造的术语之一。

一种挫折到底是恰到好处，还是相反会造成创伤，温尼科特是按时间来限定的。

如果一个人能够忍受某种心理刺激的时间是 x ，那么当持续的时间超过 x 时，就会制造创伤，在 x 之内就是恰到好处的挫折，可以促进这个人的成长。

抱持性环境

如果婴儿的成长环境具备以下两个特点：在婴儿的自体满足中给予他认可，同时也在婴儿经历挫折的时候给予他保护。那么这种环境就叫作抱持性环境。

抱持性环境的英文是"holding environment"。"hold 住"这个词语我们在网络上和现实生活中经常使用，相当于"挺住，搞得定，抱持得了"的意思。我们也常常说，"这件事情我 hold 不住"，实际上就是"我搞不定，我抱持不了"。

抱持性环境，是能够让孩子健康成长的环境。给孩子抱持性环境的精确意义是：在孩子的发展过程中给他肯定；如果孩子遇到搞不定的问题，就给他帮助。

有一种跟抱持性环境完全不一样的环境，就是"穿小鞋"——你不管做什么事情都可能是错的，会遭到批评或指责，而且给你设置很多条条框框，让你动辄得咎。

一个足够好的妈妈，要能给孩子提供抱持性的环境。同样，一个好的治疗师，也要能给来访者提供抱持性的环境，让来访者在童年"穿小鞋"的环境中被扭曲的人格重新变得正常。

母婴间隙

关于母婴间隙，温尼科特用了 "span" 这个词，没有用
"distance" 这个词，表示这是一段很小的距离。他认为在婴儿跟
母亲之间，孩子跟家庭之间，个人和社会之间，甚至不同世界
或者民族之间都应该有一个间隙。也就是说，每个人都是独立
的个体，这样才能有创造性。

那么，在父母和孩子之间制造一个间隙，前提条件是什
么？就是一种产生信任的体验。具体而言就是，如果父母对孩
子没有基本的信任，他们就可能需要 24 小时监视和控制孩子，
他们与孩子就没有这个间隙，孩子就有一种被吞噬的感觉。

我们必须在自己和他人之间制造一个空隙，也就是，我们
在一起，但是我们并没有消除彼此之间的边界，融合在一起。
只有这样，我们的人格才能健康地发展。

自由才是世界上最高级别的价值

给孩子自由的成长空间

很多父母对我说，"这个孩子如果不管他，他肯定会杀人放
火，最后可能会坐牢"，但是实际情况不是这样的。

人本主义心理学认为：每一个人在没有任何外界的强制性
控制下，会自动地选择被主流社会认可。这一基本信念需要渗

透到每一个父母的灵魂里。如果你对此有怀疑的话，那么不可避免地会增加你对孩子的控制，孩子的健康就可能会出问题。

这句话如此重要，换一种表达方式就是：如果没有特殊的情况，一个人一定会走正路，而不会选择走邪路，或者说，这个人一定会变得健康，而不会变得不健康。这是一个好爸爸或好妈妈对孩子应该有的基本信任。

我们经常会说到成长，在客体关系理论的框架里，我们对成长做了一个精确的定义：成长在任何意义上都意味着一个人内心的发育程度，以及与妈妈的距离，或者说间隙；跟妈妈关系过近，会导致孩子成长得不充分。

间隙，从某种意义上来说，会给孩子自由的感受，更是孩子成长的一种养分。

保护间隙，保护创造力

温尼科特认为，人与人之间的间隙可以带来创造性的生活。

创造性由何而来？早年，在婴儿跟妈妈的关系中，妈妈不是 100 分的完美妈妈的时候（完美的妈妈实际上是最糟糕的妈妈），婴儿就不会 100% 被满足，未满足的部分，让婴儿获得了创造力。但是，婴儿未满足的部分不能够太大，太大可能会导致严重的心理问题，更谈不上创造性了。

我们如果将此事量化，也就是妈妈做到 60 分，另外 40 分做得没那么好，婴儿没有得到满足或填充，那么婴儿在内心世界里就会通过幻想来创造一个可以满足另外 40% 的妈妈。

所以，创造力是一种满足婴儿修复他与妈妈及外部世界的关系的活动能力。长大以后，他的创造性往往来源于他在婴儿期修复和妈妈的关系中没有被满足部分的努力。

乔布斯是这个世界上最有创造力的人之一。他出生后就被亲生父母送给别人收养。这是一个人在童年经受的最大创伤。那么，为什么乔布斯还能成长为一个看起来比较健康的人呢？这离不开养父母给他提供的抱持性环境，养父母能够做 60 分的父母。

当然，在乔布斯内心，那种要修复跟亲生父母关系的愿望会永远藏在他的潜意识深处，他所做的关于创造的所有努力，都是在完成他婴儿般的幻想，所以他才会在创新方面变得如此偏执。

信任关系带来的成长

温尼科特说，以前他在给来访者做治疗的时候，很享受自己给来访者一个高明的解释，然后看着来访者产生巨大的改变。我相信每一个咨询师都有这样的自恋性幻想 —— 我随便说一句话，然后困扰来访者许久的问题就在我的言语之间灰飞烟灭。

但是 60 多岁后，温尼科特开始有这样的变化，他说，我现在很享受在精神分析的设置之下，随着信任的增长，移情慢慢变得越来越多，然后来访者自动地发生深刻的变化。大概意思就是，在温尼科特不那么刻意用劲儿的情况下，来访者就改变了。他非常享受这个过程，而不再享受那种自以为聪明的给别人解释的过程。

温尼科特也提到过他的解释能够起到什么作用。他说，我现在的解释，只不过是让来访者知道，我对他的理解的局限性。也就是说，我解释，不是为了帮他的忙，而是为了让他把我看透，知道我对他的了解远远不够。

温尼科特还说，只有来访者才能看到他自己的内心世界真正发生了什么。我们要做的只不过是给来访者抱持性的环境，让他对环境的警觉降低。这样，他的注意力就能够用来观照他的内心世界到底发生了什么和正在发生什么，以及将来可能发生什么。

同理，在跟孩子相处的过程中，我们也应该对孩子少一点控制，多一点信任，多去了解孩子的内心世界。

一个爸爸跑过来问我："曾医生，有种说法，没有不好的孩子，只有不好的父母；没有不好的学生，只有不好的老师。你觉得这种说法对不对？"

我是做心理治疗的，我知道一个人说什么样的内容或者什么样的观点不重要，重要的是说这些言语的情绪和背景是什么。我直接对这个爸爸说："我对这句话是对还是错不是太感兴趣，我想知道到底发生了什么。"

这个爸爸告诉我，他跟女儿之间有激烈的冲突。女儿15岁，在学习、交友、生活、观念上，他们之间有巨大的分歧。每一次他们冲突激烈的时候，女儿就会说，没有不好的女儿，只有不好的爸爸。然后爸爸就无话可说了。

原来，这个爸爸之所以在乎这句话的对错，是因为这句话让他在跟女儿的冲突中处于下风。所以，他想先解决这个理论问题。

其实，父女之间的冲突跟这句话是对是错没有关系，而与父女之间谁控制谁的权力斗争有关。于是，我对这个爸爸说："实际上你可以完全不管这句话是对还是错，你需要管的是你跟你女儿之间的爱和恨的情感连接。"

当然，这样简单的干预很难改变他们父女之间的状况。我真心希望，他们能够在心理医生的帮助下，建立信任、和谐的父女关系。

小结 ✐

- 成长意味着一个人内心的发育程度，以及跟妈妈的距离。
- 制造母婴间隙的前提是一种产生信任的体验。
- 创造力是一种满足婴儿修复他与妈妈及外部世界关系的活动能力。
- 创造力不是这世界上最高级别的价值，自由才是。

第20讲

温尼科特的五个治疗要点

曾氏语录：

· 逆反心理是父母的问题，而非孩子的问题。

· 父母对孩子不好，孩子就越来越离不开父母。

心理治疗就是一个游戏

温尼科特认为，心理治疗就是一个游戏。"游戏"在这里是一个高度褒义的词，很多人都把玩游戏当成不严肃的事情，这真的是一个误解。

从反感玩到爱上玩

记得有一次我在讲课的时候，说了好几次"玩"，比如"玩精神分析"。最后学员反馈的时候，有个女学员说："曾老师，我对你说'玩'非常反感，我总觉得你在玩弄什么，一点都不严肃，有轻浮的感觉。"

两年之后，她再听我的课时，她的反馈是："曾老师，我最喜欢你说的东西就是'玩'。"

我们可以想象一下，这个女学员内心发生了什么。

也许，以前她的内心有一个过于紧张和严厉的超我，以至于我说一个"玩"字，她的超我都可能会产生警觉。或者说，她太想自己是一个好玩的人。有可能她费了好大的力气才把自己变成不好玩的人，我在说好玩的话时，就会让她好玩的部分出来。这会让她的超我觉得受到威胁，所以她的超我在打压她自己好玩的那个部分时，顺便把我也打压了。也就是说，她在威胁我——你不可以说太多好玩的东西，因为你这样说，我会变得跟以前不一样。

把自己变得跟以前不一样，不一定永远都是好事。在一个新的自我出现的时候，我们的第一感觉往往是恐惧，会有一个几乎威胁到我们生存的疑问出现："我还是我吗？"

在游戏中被治疗

温尼科特把心理治疗比喻成游戏，也就是说，治疗师邀请来访者进入到心理治疗这个游戏状态中。或者说，如果心理治疗师是一个圆，来访者是一个圆，游戏（心理治疗）就发生在两个圆的重叠之处。

从游戏的意义上来说，治疗师要跟来访者好好地游戏，需要满足两个条件，或者说治疗师需要具备两种能力：一是邀请来访者进入游戏的能力，二是跟来访者相对比较长时间玩游戏的能力，即保持关系的能力。

温尼科特说得非常简洁：治疗师所做的工作，就是引导来访者从不能够游戏的状态到能够游戏的状态。我再补充一句：把来访者从只能短时间游戏的状态，引导到可以长时间游戏的状态。

温尼科特认为：所有文化，都始于创造性生活，所有的创造性生活最开始都是以游戏的形式表现出来的，没有游戏就没有文化，没有游戏也不可能有独立人格的个体。

| **延伸阅读** |

游戏的重要地位

温尼科特非常看重游戏在孩子健康成长过程中的作用，并将游戏用于治疗，涂鸦治疗法就是其中一种。也就是让孩子在纸上乱画，这既可以投射孩子的内心世界，也可以帮助孩子跟外部世界建立良好的关系。

游戏，分为象征化程度很高的游戏，以及象征化程度不高的游戏或者说原始的游戏。

在我们这代人的童年时代，象征化程度很高的高科技游戏是很少见的，钢琴也只有一部分家庭条件比较好的孩子才有机会练习。但是那时候有很多原始的游戏。我相信，那些象征化程度不高的原始游戏，对孩子的健康成长要更好一些。

孩子过早地玩那些过于抽象的游戏，比如弹钢琴，他们花了很多的时间去学习，并且参加各种各样的竞赛。这件事本身并没有太大的问题，但是在背后控制这件事的进程的父母，他们具有什么样的人格很重要。如果弹钢琴不再是一种游戏，而变成一项枯燥无味的、繁重的学习任务，自然就缺乏游戏的乐趣，对孩子来说，很可能就是一种折磨。

温尼科特的五个治疗要点

温尼科特的治疗要点，主要是以下五点。

治疗师要有足够的耐心

如果问我从事心理治疗这个职业的人最需要的特征是什么，

我会毫不犹豫地回答"耐心"。通俗地说，就是耐烦的意思。

我们来分析一下，耐心是什么，或者说，一个人为什么那么容易变得不耐烦。对于不耐烦的人的特点，心理动力学解释是这样的：在人际关系中，在别人对他进行某种刺激的时候，他潜意识会把与性没有关系的刺激转换成与性有关系的刺激，而关系又不允许他满足性的需要，所以他通过不耐烦把别人推得远一点，以免自己被性唤起。（要强调一下，这里指的是经典精神分析语境下的"性"。）

作为治疗师，我们怎样让自己变得更加有耐心？

我们要让自己有足够独立的人格。有了足够独立的人格，就不会轻易地被来访者撩拨得不知道该怎么办才好。这样我们就有为从事心理治疗而准备的足够充分的人格素养。

坚持专业化的设置

治疗师跟来访者需要有非常专业化的设置，我会在另一本书中进行讲解，这里不再详细介绍。

现在，大家不妨在感觉层面体会一下 —— 假如你是一个在早年关系中有问题的人，你现在遇到了一些人际关系的问题，你找了一个治疗师，这个治疗师每周在固定的时间、固定的地点等你，而且你和治疗师在一起的 50 分钟里，他的全部关注都在你身上，你是他眼中最重要的人，这本身就是巨大的支持、关爱和治疗。

我周围有很多治疗师在找专业人员做自我体验。自我体验，就是做治疗，相当于治疗师以"病人"的身份找一个"医生"看病。我对他们的最大感受之一就是，他们每周都要有 1 ～ 2 次雷打不动的时间亲自见他们的治疗师，或者在网上跟他们的治疗师谈话。这种非常专业的、稳定的关系，本身就是治疗的有机组成部分，不仅仅具有设置的意义。

当然，坚持专业化的设置很不容易。我有时候想，在我现在这种有点动荡的生活情况下，我真的不太可能在固定的时间、固定的地点，跟我的来访者见面。正因为我不可能给来访者提供稳定的设置，我现在没办法治疗某些特定的来访者。如果我在不能给他们提供稳定设置的情况下还给他们做治疗，就是对他们的"陷害"，当然也可能是对我自己的"陷害"。

安全的、便于退行的环境和氛围

这里说的环境和氛围，绝不仅仅是治疗室的硬件条件，更多的是治疗师的人格散发出来的场域，让来访者觉得足够安全，没有隐藏的攻击性。这样，来访者就可以退行到比较早年的状态，治疗师也跟着他一起来到那种状态中，陪伴他重新过一次童年。

来访者现在的很多问题，往往是因为他在童年的时候，本来应该走一条对他来说是健康的路，但是因为环境不允许，导

致他走了一条不太健康的路。在退行的情况下，治疗师陪伴来
访者退到"岔路口"，告诉他走一条正确的路，他的人格就可能
被修正。

允许来访者表达情感创伤

当来访者在你面前表达他的情感创伤的时候，多半会有羞
辱感 —— 我怎么可以是这个样子。这时，治疗师要提供高度抱
持性的环境，才能让来访者继续活下去。

不过，需要强调的是对于创伤的处理：如果来访者是小创
伤，且创伤没有导致过于严重的问题，创伤的时间也比较长，
那么没有专门学过创伤治疗的治疗师来处理，也是没问题的；
如果来访者是急性的、巨大的创伤，你作为治疗师，没有接受
过专业的创伤治疗培训，建议你转诊。

处理急性创伤是一门专业学问，不是任何治疗师都可以面
对的。而且，面对急性的遭受巨大创伤的来访者，绝不能用精
神分析治疗，而应该用美国心理学会制定的急性创伤的治疗规
则，来做相应的处理。

此外，允许来访者表达情感创伤，一个要求就是允许来访
者表达攻击性。

几年前，一个来访者对我的评价，通过一个治疗师转达给
了我："曾老师其实很好，如果我表扬他，他也不会忘乎所以，

自恋得不得了，但是曾老师有个毛病，就是在我批评他的时候，他总是为自己辩解。"这个评价对我有治疗意义，让我对别人攻击我时的反应有了非常清楚的觉察。

此后，我有了改变，如果来访者攻击我，我不再那么强烈地为自己辩解，或者说我不再需要那么快地为自己辩解，而是让攻击停一段时间，然后我再看攻击的背后到底是什么，是他的移情性攻击，还是我本身就应该被攻击。如果是后者的话，我需要跟我的督导讨论，因为这一点不是我在任何情况下都能清楚看到的。

重建来访者自恋性的无所不能感

这一点最具温尼科特学派的特点。婴儿在跟妈妈的关系中，体会到的是无所不能的感觉，他可以完全控制妈妈。但是，一个人的人格出了问题，或者说经过很多创伤，导致他的人际关系出现冲突的时候，他的自恋性无所不能的感觉，实际上是处在被削弱，甚至是被摧垮的状态中。

一个经历过地震的来访者，他在你的治疗室是不是感到马上会地震？是不是可能会面临房屋倒塌然后死亡的危险？这表示他自恋性的无所不能的感觉已经被摧毁。而我现在所在的这间屋子在15楼，实际上如果地震来了有一定的概率会垮掉。假如垮掉，我大概率会死亡。但是我之所以能在这里坐着，是因为有一种潜意识的自恋性想法 —— 我们在这待着的时候，这栋楼绝对不会垮，长江的水不会很快就漫到 15 楼来。

但是，我们千万不要用常态下的心态来理解来访者。

一个德国的精神分析师，治疗一个 30 岁左右的女性来访者。

她第一次来的时候，刚刚坐下，就从怀里拿了一把匕首出来，插在她和治疗师之间的茶几上。治疗师看着还在摇晃的匕首，听到来访者威胁说："如果你敢对我动手动脚，我就用这把刀把你给捅死。"

这个来访者童年时受过很多男性的性骚扰甚至性虐待，所以她对环境和关系无所不能的自恋性的控制感被彻底摧毁。她移情性地认为：治疗师既然是个男的，那他可能也会对我干一些糟糕的事情，所以我先要把他这种想法给灭了。

来访者在第 n 次找治疗师的时候，她还是处在强烈的病理性移情中，觉得这个治疗师不安全。所以，她坐下来后做的第一件事情，是拿出胡椒喷射器放在沙发旁边，说："你如果敢对我做什么坏事情，我就朝你喷这个，把你眼睛弄瞎。"

面对这个来访者，治疗师有非常大的压力。但是，这是一个资深的治疗师，他在来访者对他有如此大的敌意的情况下，继续跟这个来访者工作。最后，这个来访者再也没有出现过类似的过度防卫的状态。

　　如果用温尼科特的话来说，这个来访者开始找到这样的感觉——在与男人的关系中，我不知道能不能控制男人，但是这么多次的经验告诉我，在跟这个男性治疗师的关系中，我是完全可以控制他的，因为我不对他实施匕首和胡椒喷射器的威胁，他也没有对我做什么，我甚至看不出他有想对我做什么的任何苗头。

　　来访者找到这样的感觉，可以说是治疗师用精湛的技艺和健康的人格营造了一个安全的、容易退行的环境，让来访者重新恢复了健康的、婴儿般的无所不能的人格状态。

小结

- 把自己变得跟以前不一样，不一定永远都是好事。在一个新的自我出现时，人们第一感觉往往是恐惧，会有一个几乎威胁到生存的疑问出现："我还是我吗？"
- 治疗师是一个圆，来访者是一个圆，游戏（心理治疗）就发生在两个圆的重叠之处。
- 治疗师让自己变得更耐烦、更有耐心，就是要让自己有足够独立的人格，不会轻易地被来访者撩拨得不知道该怎么办才好。这样就有为从事心理治疗而准备的足够充分的人格素养。

第21讲

比昂的临床思想

曾氏语录：

· 说出对来访者的诊断，就是对来访者进行贴标签暗示。

· 好的精神分析师必须具备保持沉默的能力，坚决不先说第一句话。

比昂：精神分析领域最深刻的思想家

比昂，是重要的精神分析客体关系理论家。我想，也许大家读过关于他的一本书——《思想等待思想者：比昂的临床思想》（*The Clinical Thinking of Wilfred Bion*）。

记得曾经看过比昂的一张照片，对他有一个直观的感觉——头上没有头发，他的确是一个聪明绝顶的人。这张照片上出现了三个重要人物，一个是比昂，一个是把弗洛伊德的著作从德文翻译成英文的斯垂切，还有一个是安娜·弗洛伊德，弗洛伊德的小女儿。

需要说明一点，在斯垂切之前是没有弗洛伊德文集的标准版的。这个标准版出现之后，你如果用英文写精神分析的文章，需要引用弗洛伊德的材料，必须出自弗洛伊德文集的英文标准版。

现在，有一帮同道在做这样的努力，把弗洛伊德或者其他德语国家的重要精神分析师的著作，直接从德语翻译成中文。这样的翻译可能会损失一部分东西，但是总比从德文翻译成英文，然后再从英文翻译成中文要好得多。

比昂在印度出生于一个英国贵族家庭。他的传记作者说，其实他是名誉上的贵族，意思是他有贵族的身份，却没有条件享受贵族应有的生活。这让我们想到，比昂在印度生活的8年中，其实有很多的自恋受伤。

8岁的时候，他回英国接受教育，因为他是从印度来的，这样的特殊身份，使他在小朋友中又会有很多的自恋受伤。

第一次世界大战期间，比昂作为坦克部队的指挥官在法国服役，并且获得了巨大的成功，因此英国要给他颁发两枚勋章：一枚是作战勇敢勋章，一枚是功勋章。他只领取了其中一枚，因为他觉得自己是一个怯懦的人，不配获得勇敢勋章。

比昂说自己是一个怯懦的人，这真的让人心生敬佩。因为一个获得战功勋章的男人，能够坦然地说自己是一个怯懦的人，真的非常需要勇气。我们不妨想一下，有多少内心非常怯懦的人，在装模作样地显示自己的勇敢。

之后，比昂在牛津大学学习。他先学历史，然后又学习医学，并逐渐对精神分析感兴趣，接受了瑞克曼和克莱因的训练性分析。在 20 世纪 40 年代，他的注意力转移到小组治疗上。

可以说，他是首个把个体心理治疗或者精神分析的理论用在团体治疗中的人，而且他的研究成果直到现在还深刻地影响着很多形式的小组治疗。他的研究成果后来被编成书《比昂论团体经验》(*Experiences in Groups*)。

后来，他担任过一段时间伦敦精神分析院院长，还担任过一段时间英国精神分析协会主席。自 1968 年起，他在洛杉矶工作长达 12 年，直到在 1979 年去世前两个月才回到英国。我们猜测，他去美国工作的原因大概有两个：一是他如果在获得了巨大荣誉的环境里继续待着，可能会让他生活得非常沉重，因为需要做出很多努力来维护荣誉；二是他一辈子都生活在经济不是很宽裕的状况中，他希望在洛杉矶工作的优厚报酬，能够让他为女儿留一些财产。

比昂，被认为是精神分析理论领域最深刻的思想家。

精神分析本来就是一门很深的学问，在这门很深的学问里，他又被誉为最深刻的思想家，可见人们对他的评价多么高。而

且，比昂的思想具有前后一致的统一性，这是大思想家具有的
特点。比昂的人格有一种很难得的单纯，这种单纯来源于他博
大精深的心理。

一个人如果经历过人世间的很多冷暖，然后变得世故圆滑，
只要中等品质就能达到。但是，一个人历经世故之后，还能够
保持内心的纯洁，就需要非常高的心灵品质。

比昂对传统精神分析的颠覆

颠覆之一：扒童年对治疗的帮助很有限

传统精神分析，或者说弗洛伊德精神分析的特点之一是决
定论，或者说宿命论、因果论。而比昂的理论没有过多地在乎
一个问题产生的前因后果。理解一个问题怎么产生，的确可以
帮助我们解决这个问题；但是理解一个问题怎么产生，并不一
定会使我们解决这个问题。这是比昂对传统精神分析理论的第
一波攻击。

颠覆之二：有限和无限

传统精神分析的第二大特点是，把意识分为不同层面：意
识、前意识、潜意识。我们较少提到前意识，前意识是我们稍
微觉察就能感受到的，比如对自己呼吸的觉察。潜意识是通过

一般觉察不太能感受到的，只有在精神分析设置下通过深入内心世界的探讨，才能发现自己的潜意识到底是什么样的。比昂认为，与其使用意识和潜意识这样的词语，倒不如说有限和无限更直观。

我自己的体验是，我们在使用弗洛伊德的意识和潜意识时，经常会有一种摸不着边、没有感觉的感觉，但是在使用比昂的有限和无限时，感觉就变得非常清晰。

和我一起创办中德心理医院的海因茨·克莱特（Heinz Klaette）先生，比我大 40 岁。有一次，我们在吃饭聊天的时候，他对我说："奇峰啊，夫妻之间扯皮，真的是一件很小的事情就可以陷入无休止的扯皮。"我当时没有什么感觉，说："为什么两个相爱的人会因为鸡毛蒜皮的事情，扯皮到分手的程度呢？"于是他给我说了这样一个例子。

老公上了一天班，回家进门后，不小心把雨伞上的雨水弄到地板上。然后，老婆跟他说："你能不能注意一点，我今天做了一天的卫生，你一回来就把地板弄得这么脏。"

老公回来时一路上想着的都是，我工作了一天，一进家门就可以看到老婆灿烂的笑容，得到紧紧的拥抱，诸如此类的。但是很显然，老婆的真实状态和他期望的状态完全不一样。这时他有点失望，回应老婆说："不就是把一点水弄到地上了嘛。

这件事情本来就很好解决，要么我用一分钟的时间把它擦掉，
要么你用一分钟的时间把它擦掉，然后问题就解决了。"

可是，老婆有点恼怒："这根本就不是把它擦掉的问题，而
是你尊不尊重我的劳动的问题。"老公可能也恼火了，随之出现
一系列的辩解或者攻击。

我相信，很多人都熟悉这个争论不断升级的过程。如果用
弗洛伊德潜意识的理论来解释就是，男人和女人在潜意识里，
都有破坏亲密关系的欲望。他们只不过是利用雨水掉在地板上
这样一件事情，来增加他们的连接，使他们潜意识里希望亲密
关系中断的欲望变成现实。

当然，从心理动力学角度来说，这种解释非常好。但是，
这在理解上可能会有一些困难。比昂则说得更有感觉：这两个
人都在试图使一件有限的事情，朝无限的方向发展。

而且，比昂认为，精神分析师所做的努力，就是要使所有
有限的事情，停留在有限的范围内，而不要朝无限的方向发展。
简而言之，就是：就事论事。这是比昂对传统精神分析理论的
第二波攻击。

颠覆之三：人除了趋利避害，还愿意面对和承受痛苦

传统精神分析理论认为，每个人都有一套趋利避害或者说

趋乐避苦的心理防御机制，让我们能够把不愉快的东西放到潜意识里，就好像它不存在了一样，只允许自己意识到快乐的东西。而比昂认为，人还有另一套心理防御机制，也就是面对痛苦和承受痛苦。这是比昂对传统精神分析理论的第三波攻击。

比昂的这一思想跟中国传统文化的思想有非常接近的地方。你可能会发现有的人手臂上刺着一个"忍"字，"忍"字是心头一把刀，表示"不管发生什么事情，我都能够忍受"。而且，我们如果仔细琢磨还会发现，那些了不起的人，他们跟一般人比较往往更能忍受痛苦或屈辱。能够忍常人所不能忍的人，就是非常之人。

面对真实，让那些灾难性的东西或者痛苦的东西都存在，而不是采取某种防御去回避它们。客观地评论，比昂的确要高明一点。

几年前我妈妈生病住院，医生的诊断是十二指肠乳头癌。这是一种非常严重的疾病，我当时面临一个选择：要不要告诉妈妈诊断的结果？

我的大学同学告诉我："绝对不能说，这样严重的疾病，你如果一告诉你妈妈，她可能在心理上就崩溃了。"这种说法我是同意的。但是，总是瞒着她，我觉得内心有隐隐的不舒服。最后，我还是决定，不管她知道真相后会如何，我都要告诉她。当然，告诉她的方式是另外一回事。

我之所以选择告诉她这个可怕的诊断，是因为我设身处地地站在我妈妈的位置想了想，假如我得了某种非常严重的疾病，我是否希望医生或者我的孩子告诉我。答案几乎是毫无疑问的，就是"我希望"。不管情况多糟糕，最后我都要面对这样的事实，而不愿意总是被瞒着、哄着。

实际上，在我慢慢一点点地告诉我妈妈这件事情的时候，她比我们所有人想的都要坚强。我觉得，把一个人应该承担的东西交给他本人，是对一个人最高级别的尊重。

颠覆之四：梦不是愿望的达成，而是心理碎片的整合

比昂对传统精神分析的第四波攻击，在于他的释梦理论。弗洛伊德认为，梦是愿望的达成。而比昂认为，梦是人的精神整合一些心理碎片的过程。

这个世界上最严重的心理疾病是精神分裂症。精神分裂症患者内心世界破碎的程度，让他们没有办法通过梦来整合他们的内心。所以，精神分裂症患者是不做梦的。

关于这一点我有点惭愧，因为我当了20多年的精神科医生后，才从比昂的书上看到，原来精神分裂症患者是不做梦的。为什么我这么长时间才知道呢？

我的自我分析是，在我跟精神分裂症患者打交道的过程中，我高度情感隔离。对他们的诊断让我自以为是地把他们排除出

整个人类物种的范围，而不愿意了解他们的内心世界。所以，我跟他们在一起那么多年，从来没有问过他们到底做不做梦。

当然，从自恋的角度来说，很可能是因为在我把他们看成精神分裂症患者，即另类的人类时，我为了满足自己的自恋需要，跟他们划清界限，有意地不对他们做深入的了解。

比昂给治疗师的建议

忘记过去，不问未来，活在当下

比昂是一个非常有独创性的精神分析师。他在做精神分析治疗的时候，不太在意来访者以前经历过什么，也不太管来访者从他的咨询室里走出去后是什么样子，他在乎的是在咨询室里50分钟的分分秒秒。这其中包括整个治疗时段的情绪氛围，来访者对这一小节的感受，治疗师的情绪状态、感受以及愿望。

比昂有很多名言，其中一句名言是：当来访者某一次来到我们这儿的时候，我们关于这50分钟最好的开始状态就是，忘记这个来访者的所有过去，也不管他的未来是什么，只关注当下。比昂这种"活在当下"的思想，对其他精神分析师有很大的影响，他强调应该把更多的注意力放在来访者和治疗师的关系上。

当比昂在某届国际精神分析协会（International Psychoanalytical Association，缩写为 IPA）大会上第一次提出这种想法的时候，遭到了当时国际精神分析协会主席的强烈抨击，并引起了激烈的讨论。几十年过去，我们回过头来再看比昂的想法和 IPA 主席对他的攻击，会发现比昂的确技高一筹，他看得更加深远。

不要做记忆太好的"U 盘"

许多来访者，在过去的生活中有很多的创伤和屈辱感。出于对我们的信任，他们会把那些东西全部告诉我们，实际上是把我们当成存放他们伤痛和屈辱感的地方。

如果我们是储存时间非常长的"U 盘"，那么来访者就可能会想：即使我的这些伤痛已经痊愈，这些屈辱感已经忘记，但是那个记忆力太好的治疗师会帮助我记住这些伤痛和屈辱感。来访者都不在意的时候，治疗师还在意，很显然，这对来访者来说不是一种好的感受。

这个观点，同样也可以用在父母和孩子的关系上。孩子小时候可能会有一些出丑的事情，或者让他们觉得屈辱的事情，或者其他糟糕的事情，孩子自己忘记了那些事，而记忆力太好的父母可能会在孩子成年后还不断地重复提起。显然，这是把孩子一次一次地丢到屈辱和伤痛中，是非常糟糕的做法。

永远不要问问题

比昂对治疗师还有一个建议——永远不要问问题。因为所有问题都有一个预设的答案等在那里，治疗师问来访者问题可能是诱导治疗的方向，而这是治疗师的需要，不是来访者的需要。

有人觉得，治疗师跟来访者见面后，问"你还好吗""最近怎么样"总可以吧，这是非常生活化的语言。但是，精神分析有时候反对没有意义的话、寒暄的话，或者仅仅是因为礼貌而说的话，因为这些话语可能是在掩饰治疗师内心对来访者的敌意。

而且，如果你问你的来访者"最近还好吗"，他如果正在对你正性移情，可能就会满脑子搜刮"最近还好"的信息。这可能也会让他掩饰很多不好的东西，因为他在意识层面和潜意识层面都会觉得，我的好跟治疗师有关系；如果我在治疗师这里做治疗，每次都向他报告坏消息的话，就是在攻击这个治疗师。来访者如果处在对你的负性移情状态中，他即使是好，也会说不好，以此打压你的自恋。

最好的办法就是，我们等着，每一次都让来访者自己开口，由来访者引导自己以及关系中潜意识的流向。

很多初学者，喜欢不断地向来访者提问，来缓解他们内心的焦虑。笛卡儿说，我思故我在。在此可以换成，我问故我焦虑。

要成为一个好的治疗师，有时候要克制一下自己问问题的习惯或者好奇，等着来访者自由地开放他的内心世界。不管是开放内心世界的哪个方面，还是以什么样的速度来开放，都由来访者自己决定。

"0"：爬过坑，能更好地救起坑里的人

比昂创造了一个概念"0"。"0"是什么，它可以是终极定律，终极存在，绝对真实，诸如此类抽象的东西。比昂的这一概念，攻击了精神分析的传统——反对宗教玄学，反对心理玄学。

"0"显然具有玄学的味道，所以他遭到了很多人的攻击，有的人甚至对他实施了人身攻击，说这是一个老男人的梦话。我非常不喜欢这种说法。

有人替比昂辩护。我觉得辩护得非常有道理。他们说：某一个新的领域，刚开始的时候是一群有非凡创造力和智力的人进去，他们把这个领域带得非常热闹辉煌；然后是一群平庸的人进去，他们为了使自己的智力跟得上，为了维护他们自身的小利益，就会反对对这个系统进行任何变革。只要有谁进行变革，他们就会非常生气。慢慢地，这个领域的理论和体系就会变得僵化和狭小，最后可能会死掉。而比昂是不断创新的人物，他的创新会影响那些平庸的人的既得利益，所以他们对他实施多重攻击。

比昂认为，你如果要了解 0，你就要成为 0。这句话可以无

限延伸。比如，你要了解比昂就必须成为比昂，如果你满脑子还是弗洛伊德，或其他人的传统精神分析理论，你就不可能了解比昂。还有，你要了解病人，你自己首先应该是病人。我不太相信一个完全健康的人可以成为好的精神分析师，因为他对人类纯粹的痛苦没有直觉，没有直观的感受。

我们对精神病人做精神分析，就必须触及自己非常原始的东西。简单地说就是，我们想给别人治病，就必须我们自己先病，或者曾经病过，后来被治好了。

这一点跟做外科医生非常不同。外科医生给别人做阑尾炎手术，不需要自己曾经被切除过阑尾。但是，作为精神分析师、心理治疗师，你如果没有体会过纯粹的精神痛苦，就难以理解别人的状况，也很难帮到别人。

当然，给精神分裂症的病人做心理治疗，你不必非得体会过精神分裂症的那些核心症状，比如，强烈的被害妄想，或者幻听、幻视等。而给人格障碍、神经症级别的人做心理治疗，假如你体会过他们的痛苦，会更有能力帮助他们。

小结

- 理解一个问题产生的前因后果，的确可以帮助我们解决这个问题；但理解一个问题怎么产生，不一定会使我们解决这个问题。

· 与其使用意识和潜意识这样的词语，倒不如说有限和无限更直观。

· 人除了趋乐避苦的防御机制外，还有另一套心理防御机制，也就是面对痛苦和承受痛苦。

· 梦是我们的精神整合一些心理碎片的过程。

第 22 讲

比昂的 α 功能与连接

曾氏语录：

· 决定母亲 α 功能质量的一个重要因素是：她对婴儿的爱以及对丈夫的爱。

· 一个人与另一个人的连接是引发情感体验的催化剂。

β 元素、α 元素、α 功能

比昂是少数喜欢数学的精神分析师，所以他的很多理论都是用数学符号来描述的。他最著名的理论之一就是 β 元素、α 元素，以及相应的 α 功能。

如下图所示：左边是孩子，右边是母亲。不仅仅是这两者的关系，我们还可以换成来访者跟治疗师，或者相对不健康的人和相对健康的人，等等。当然，所有关系都是孩子跟母亲关系的分支。所以，我们还是还原成孩子跟母亲的关系。

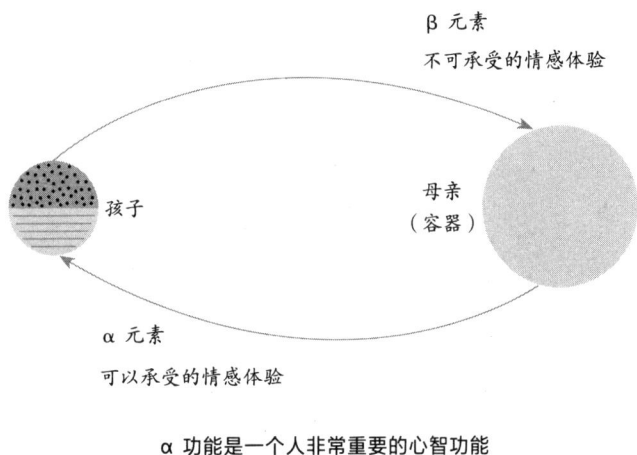

β 元素
不可承受的情感体验

孩子

母亲
（容器）

α 元素

可以承受的情感体验

α 功能是一个人非常重要的心智功能

β 元素：不可承受的情感体验

比昂把情绪分成不可以承受的和可以承受的。图的左边，
"孩子"这边的上面部分，乱七八糟地点了一些点。这些乱七八
糟的点，表示不可承受的情感体验，比昂称之为 β 元素。

α 元素：可以承受的情感体验

"孩子"内心被 β 元素充满的时候，他就需要把它们投注
到"母亲"的身上。母亲作为容器，接受这些不可承受的情感
体验，并通过思考，把它们转换成可以承受的情感体验，也就
是 α 元素。

α 功能：把 β 元素转换成 α 元素

将 β 元素转换成 α 元素的能力，比昂称之为 α 功能。α 功能，相当于情绪转化器的功能。

我们甚至可以这样说，一个人要在这个世界上好好地活着，关键看他的 α 功能的强度。α 功能相当于精神分析中所说的自我功能。α 功能的强度就是人格的强度。

如果一个人具有这样的能力 —— 把一大堆潜意识的冲突、不能够承受的情感冲击转换成 α 元素，就变成了梦。如果一个人的 α 功能比较弱，即把 β 元素转换成 α 元素的功能比较弱，他就没有办法在自己的内心世界形成梦境。

一个孩子，晚上做噩梦醒来，说："妈妈，我做了一个噩梦，梦见一个大怪物把我们一家三口都吞了。"很多妈妈出于本能会跟孩子说："别怕，梦是假的。"或者说："别怕，妈妈在。"这显然不是最好的回答，最好的回答是："哦，你刚才做了一个噩梦，你一定感到很害怕。"这个回答，直接把 β 元素转换成了 α 元素。

健康的母子关系或者母女关系应该是：孩子有一些不能承受的情感体验，母亲作为外挂的设备来帮助孩子消化。如果这个过程反复进行，孩子就会内化母亲的 α 功能，以后遇到问题自己就可以解决，不需要母亲的帮助。

让环境充满 α 元素

父母的 β 元素，孩子不能承受之重

遗憾的是，如果母亲本身有 α 功能的缺陷，她在遇到一些自己不能承受的情感体验时，可能会把这些情感体验投射到孩子身上，让孩子帮助她消化 β 元素。或者说，让孩子帮她把 β 元素转换成 α 元素。

但是，孩子这时自我功能可能是比较弱的。如果母亲总是做这样的事情的话，孩子轻则可能患神经症或者人格障碍，重则可能患精神分裂症。孩子患精神分裂症的状态，实际上是在向母亲说"我受不了了，如果再继续承受你如此之多的 β 元素，我只能让自己精神分裂"。

精神分裂症是最严重的精神疾病。如果我们观察一个孩子患有精神分裂症的家庭，就会发现在这个家庭中，成人向孩子投射了太多不可承受的 β 元素，导致孩子精神世界的坍塌。

投射的方式主要有以下几种：比如，父母工作压力太大，回家后对孩子发脾气；父母跟孩子交流的时候，总是讲一些没有情感，但是压力又非常大的大道理；在孩子面对学业和人际关系的压力时，父母不仅不帮忙，反而增加孩子的压力；等等。所有这些事情都可能导致孩子没办法承受，患上严重的精神疾病。

命名，可解 β 元素之毒

β 元素是很多人不能够承受的情感，妈妈在吸收孩子不能承受的这些情感之后，给这些情感取了名字，比如"害怕"，使得这些情感被概念化，更加有逻辑、更加理性，再返还给孩子。这个过程比昂称之为"命名"。

在德国，一个受过良好教育的妈妈，会不断为孩子的情感体验命名。当孩子再出现类似的不可承受的情感体验时，他就会自动地学习或者模仿妈妈，给自己的情感命名，比如害怕、恐惧、烦躁、焦虑等。一种情感被命名之后，它就不再是原来的情感，就从不可承受的变成可以承受的。

有一个高学历的爸爸，他5岁的儿子看电视时看到挖墓，觉得很害怕。这个爸爸就对儿子说挖出来的是木乃伊。这就是对挖出来的物品进行命名，而且效果非常好。从此以后，这个孩子在看到与挖墓有关系的视频时，就不再恐惧，因为他的内心已经有了一个理性的概念：他们只不过是在挖一个名字叫作木乃伊的东西而已。

实际上，我们也有类似的经历。我们经常会说，"我遇到了某一个人，听他说了一句话，我心中升起一股无名之火"。无名之火，就是没有被命名的怒气。当我们说"我有一股无名之火"的时候，实际上是表示"我被我的愤怒弄得没办法控制和忍受"。反过来说，假如我们的怒气是有名字的，就等于说怒气不算大，还在我们的控制范围内。

如何营造充满 α 元素的环境

有一个判断人与人之间关系好坏的办法，就是看他们关系的本质——谁向谁投射焦虑，或者谁为谁承担焦虑。这一方法是从比昂的理论转化而来的。

本来，父母应该作为孩子 β 元素的容器，帮助孩子消化这些不可承受的情感体验，然后转换成 α 元素返还给孩子。但是，我们经常碰到的情况是，父母因为他们自己人格发展有问题，有很多不能够承受的焦虑，比如，关于孩子的安全和健康方面，父母就有太多的焦虑。于是，父母在遇到事情的时候，就会把自己的焦虑返还给孩子。

有一次，我突然接到一个男性学员的电话。他说马上要给几百个人做一次公开演讲，但是不知道该讲什么，离演讲的时间只有半个小时了。我听得出来，他非常焦虑。

我们通了十多分钟电话，我感觉至少完成了两件事情：一是把他不能够承受的 β 元素传递给了我；二是我跟他说话的那种镇静、淡定，那种丝毫没给他压力的感觉，让他感觉到我消化了他的 β 元素后传递过去的 α 元素，他觉得非常安宁。三个小时后，他又打电话对我说，他这次演讲非常成功。

简单来说，我没有告诉这个学员怎么演讲，而是帮助他处理了一些他不能承受的 β 元素。这样，他的智力得到了很好的发挥。否则，他带着那么多的 β 元素去演讲，可能会极大地影响他的智力发挥。

从这个例子我们可以知道，当孩子面对不能承受的学习压力时，父母应该做什么。这时候，父母最应该做的，不是给孩子提供智力上的帮助，而是给他们提供一个充满 α 元素的环境。

一个妈妈想去看一场恐怖电影，但孩子没人带，她只好带着孩子去了电影院。结果，孩子看到屏幕上那些恐怖的情节，觉得非常害怕。这个妈妈为了帮孩子缓解焦虑，就说："孩子，别怕，电影是假的。"然后，孩子哭了。妈妈又说："别怕，电影是假的。"

这就是一个不具有 α 功能的妈妈。因为，妈妈告诉孩子那是假的，而孩子体验到的是，妈妈认为他的情绪体验是假的。但是，孩子的这种情绪体验绝对是真的。

正确的做法是：第一，让孩子远离这些事情，因为他的确不能承受电影带来的铺天盖地的 β 元素；第二，如果孩子已经处在恐怖的状态中，我们首先应该共情——那的确是很可怕，用我们共情时镇静的态度帮助他处在一个充满 α 元素的环境中。

这里，我们顺便说一下比昂跟温尼科特的区别。

比昂很在乎妈妈是怎么想的，他觉得妈妈的思考会决定其做出相应的行为，而温尼科特更在乎妈妈对孩子做了什么。仅就这一点来说，我觉得比昂考虑得更加深刻些。因为怎么想的在前，而怎么做的在后。

连接：不是个体的问题，而是关系出了问题

我们再来看看，比昂的连接理论。

我们一般把主体、客体分得很清楚。比如，看到妈妈和孩子的时候，我们会觉得，妈妈是妈妈，孩子是孩子，一个主体，一个客体。再如，在咨询室里，看到一个来访者，一个治疗师，我们会觉得他们分别是独立的人。

但是在比昂看来，既没有主体也没有客体。既没有妈妈也没有孩子，既没有治疗师也没有来访者，既没有你也没有我，有的是彼此之间的连接。

这实际上跟互联网上的链接差不多，你如果点了一个链接，就可以看到这个链接呈现的内容。人与人之间的连接与互联网链接在象征层面是同一种东西。比昂的连接理论，对我们的实际操作是有好处的。

假如父母把有问题的孩子带到你面前，作为治疗师，你不管是认为孩子有问题，还是认为父母有问题，都可能使你丧失

中立立场，这样咨询就可能做不下去。

如果你脑袋里装着比昂的理论，认为既不是孩子的问题，也不是父母的问题，而是他们之间的关系出了问题，那么父母和孩子都不会觉得你偏袒谁。这符合一个治疗师应该采取的中立立场。

可以看出，比昂的观点已经具有某种程度的主体间性的哲学思想——我们本来可以不分主客体，每个人实际上都是主体，在我和对方都互相承认有主体性的时候，我们就处于非常健康的状态中。

三对连接：L、-L，H、-H，K、-K

有人可能会问，如果既没有主体又没有客体，只有中间连接的话，那么这种连接包含些什么呢？像比昂这样深刻的思想家，是不会留下思考的空隙的。他认为，连接包括三对：L、-L，H、-H，K、-K。

L 是 Love 的首字母，表示爱。

H 是 Hate 的首字母，表示恨。

K 是 Knowledge 的首字母，表示知识。

这里的知识，并不是指数理化这样的科学知识，而是关于人的心灵的知识，比如心理学知识，或者一些跟医学有关的，关于大脑神经中枢运作的知识。这些知识都应该叫作 K。

"–"是数学符号中的负号，用于表示每一项的负面。L、H、K 相对应的就是 –L、–H、–K。

有段时间，我们对比昂很着迷，我们不会说"我爱你"，而是说"我 L 你"；我们不会说"我恨你"，而是说"我 H 你"。这真的有点走火入魔的味道。不过还好，现在我们不再使用这样过于简洁的语言。

–L、–H、–K 是什么

有人可能又要问，L 是爱，那么，–L 是不是等于恨？或者说，–H 是不是等于爱？这样理解过于数学化了点。我们来看看比昂是怎么说的。

–L 的意思是，一个人本来是爱的，但是，他怕爱上另一个人后，对方没有足够的爱的回应，让他的自恋受伤。也许，这个世界上每个人都曾经暗恋过一个人，暗恋就是让自己处在这种 –L 的状态。也就是，我的确爱上了你，但是我怕跟你说了后，你对我很冷淡，让我没有面子，所以我的爱处于一种隐藏的状态。

–H 的本质还是恨。但是，一个人害怕他的恨自然流露后，遭到对方的报复，所以他会使自己的恨处在压抑的状态中。

举个例子来说。婴儿可能对妈妈实施攻击，用他的牙齿咬妈妈的乳头。但他这样做了之后，就会有一种很深的恐惧 —— 妈妈会不会报复我？妈妈会不会因为我对她这样就"消失"

了？这种恐惧会让他的攻击性冲动被极大地压抑。

–K 就是一个人掌握的心灵知识，没有用来探索自己的内心世界，而是用来跟他人竞争。在心理咨询行业中，工作时间比较长的人都有这样的体验：如果给一个完全不懂精神分析的人做精神分析治疗，可能会顺利一点；如果给一个接受过一定程度的精神分析训练的人做治疗，可能会遭遇极大的阻抗。

比如，来访者经常会把话题转移到跟你讨论某一个理论框架，或者某一个具体的术语到底怎样理解上。他这样做，是在回避你和他一起对其内心世界的探讨，显然对治疗非常不利。

他之所以跟你讨论精神分析本身，是因为他没有能力把他的心理学知识用在做自我探索上，而只是用来隔离跟你的情感，或者显得比你读了更多的精神分析方面的书，比你对精神分析更加了解，等等。

我给大家普及精神分析的知识，是希望大家用来探索人的内心世界。但是，我做这件事情，实际上仅仅是在教学，并没有用它来探索我自己的内心世界。所以，我掌握的这些知识，在此时此刻应该叫作 –K。如果幸运的话，有人读到这套书，这些知识进入他的内心，帮助他更多地了解他自己是一个什么样的人，那么这些知识就会转化成 K。

压抑的生命状态：爱也迟疑，恨也迟疑

一个有太多的 –L、–H 的人，属于活得非常不舒服的人。这种状态叫作"爱也迟疑，恨也迟疑"。

有一个同行说，关于糖尿病的心理动力学解释是：对爱迟疑。如果用比昂的思想来表达就是，糖尿病患者内心有太多的 –L。一个人只要内心有太多的 –L，他就可能同时也有很多的 –H，处在一种生命力被高度压抑的状态中。

更好的生命状态：快意恩仇

那么，什么样的状态才是更好的生命状态？中国武侠小说里经常提到一个词语——快意恩仇。这四个字，我只是说一遍，或者大家只听一遍、看一遍，都可能会消除内心的一些 –L、–H。但是，这并不意味着你读了这套书，就能充分释放自己的爱恨情仇。我们还是需要在自我功能的控制下，在不给自己找太多麻烦的情况下，释放自己的 K、H 和 L。

比昂说，所有的心理治疗都应该触及来访者的爱、恨，还有屈辱感等基本的情绪体验，如果无法触及，就难以达到真正的治疗效果。

小结

- 情感分成两种，忍受不了的情感叫 β 元素，能够承受的情感叫 α 元素。把 β 元素转换成 α 元素的功能叫 α 功能，这是一个人非常重要的心智功能。

- 既不是孩子的问题，也不是父母的问题，而是他们之间的关系出了问题。

- 快意恩仇，就是充分地释放自己的爱恨情仇。

- 所有的心理治疗都应该触及来访者的爱、恨，还有屈辱感等基本的情绪体验。如果无法触及，就难以达到真正的治疗效果。

科胡特的自体心理学

曾氏语录：

· 经典精神分析治疗的是三个人的俄狄浦斯问题，客体关系理论治疗的是
   两个人的客体关系单元，自体心理学则是针对一个人的自体。

· 中和的心理结构是心灵不可二分的部分。

关于科胡特

科胡特是出生在维也纳的犹太人，后来因为纳粹的迫害，
他和家人逃到了美国。他下半生几乎所有的工作时间，都是在
芝加哥的精神分析研究所度过的。科胡特应该是唯一一个被称
为"精神分析先生"的人。从中让人感到，他把自己的整个生
命都奉献给了精神分析。

早期，科胡特严格按照弗洛伊德所说的经典精神分析理论

来工作和从事临床治疗。但是后期，他越来越发现经典的理论有些问题，他写了很多关于自体的文章。

科胡特在观点上的创新，让他遭到了同行的攻击，甚至影响了他跟一些精神分析同行的私人关系。他走在路上的时候，有人可能会因为他搞了一些"离经叛道"的理论，不跟他打招呼。比昂在有了一些理论上的突破之后，有些人也直接对他进行人身攻击。学术方面的冲突，变成了人与人之间的冲突。

其实，我们没必要因为学术问题上的冲突，而影响人与人之间的关系。我相信，如果有人卷入学术冲突，并且也用学术冲突来影响他跟他人的连接，这个人本身就需要被分析，或者说这个人本身就有人格上的缺憾。

自体心理学：专门研究自恋

精神分析的双轨道：性心理、自恋

在弗洛伊德的框架里，一个人的人格，或者说心理，或者说精神的发展，不过是性心理的发展而已。也就是，在弗洛伊德的框架里只有唯一一条人格发展的主线。

但是科胡特认为，除了性之外，人的内心世界有一条跟力比多或者性心理平行发展的主线，这条线就是自恋。平行发展的意思是，它们同样重要，而且永不相交。它们之间在很多方面相互影响，但是它们在本质上并不是一回事。

这一观点奠定了科胡特崇高的学术地位，也使精神分析的风景变得非常不一样。因为，如果一个人的精神世界只有一条发展轨道，实在是太单薄、太不稳定，当科胡特说还有另一条叫作自恋的轨道的时候，就变得丰富及稳定了。

在弗洛伊德的词汇里，最重要的，或者说一级词汇是力比多和攻击性。科胡特出现之后，自恋就从二级词汇变成了一级词汇。而且，科胡特的专门研究自恋的自体心理学理论，是对精神分析的重大发展。

自体心理学的核心是精神分析，但在如何看待来访者与治疗师的关系方面，自体心理学和精神分析存在根本性的不同。在精神分析理论中，精神分析师需要与来访者保持情感距离，以便客观地分析从来访者那里接收到的信息。而在自体心理学中，治疗师使用共情来获得来访者的信任。一旦来访者信任治疗师，就会更多地说话，从而使治疗师收集到更多更准确的信息，进而做出更精确的解析。

有人甚至评论说，如果20世纪六七十年代没有科胡特的自体心理学出现，那么精神分析学派可能会被人本主义和认知行为主义淹没。这相当于说，科胡特的自体心理学救了精神分析一命。

自体心理学离不开大量的新生儿基础研究

科胡特的自恋理论的来源，跟弗洛伊德时代那些精神分析理论的来源非常不同。弗洛伊德看了很少的病人，就创立了庞大的精神分析体系。但是他的追随者科胡特经历了大量的新生儿基础研究，才发展出自体心理学派。

可以这样说，作为一个好的精神分析师，对婴儿长时间的观察是必不可少的。

有的人动不动就批评精神分析，其实批评精神分析也需要资格的，其中之一就是必须要有足够的观察婴儿的时间。如果你有几百个小时，或者上千个小时对婴儿的观察，你可能会同意精神分析师们所说的很多观点。如果你没有经历过这样基础的精神分析训练，那么你说任何话，可能都是没有底气的。

和比昂一样，科胡特晚年的时候，就开始拒绝弗洛伊德所说的超我、自我和本我的人格理论。比昂在这点上可能做得更加坚决。

有一次，在塔维斯托克诊所（Tavistock）进行临床案例讨论，比昂直截了当地说，他看不出来，在给来访者做治疗的时候，所谓的人格结构，即超我、自我、本我的理论有什么用处。

不过关于这一点，我们要清楚，如果一个人使用超我、自我、本我这样的人格理论结构，并不表示他的知识就很落后。我接触过一些欧洲的或者美国的精神分析师，他们中有的人会使用这样的人格结构理论，有的不会。我觉得他们在本质上并没有太大的区别，更多的可能是看问题的视角，或者个人习惯的不同。

我也反思了一下自己在什么时候会使用这样的人格结构理论。我好像有这样一种趋势——从业之初，我的确频繁地使用超我、自我、本我的理论；后来，可能除了讲课的时候讲到这部分内容外，在操作性的培训过程中，在面对学员、来访者的时候，我好像使用得越来越少了。

自体到底是什么

那么，"自体"到底是什么？这真是一个终极问题，相当于我是谁、我从哪儿来、我到哪儿去、存在的本质是什么等高度抽象的问题。科胡特曾经说，他写了几百页关于什么是自体的文字，但是如果有人问他自体到底是什么，他也说不清楚。这可能是一个人自我认识的一个永恒的局限。

当我们自己既是探索者，又是被探索对象的时候，我们经常会一头雾水，不知道到底是谁在探索，谁在被探索，被探索的对象到底有什么样的属性。我们做的所有努力，可能只能逼近，或者说无限地逼近自体到底是什么的真相，而不可能完全了解它的真相。

虽然我们会因此觉得有一点悲哀，但是同时我们也会永远保持对自我探索的兴趣。反之，人类探索的欲望可能会被毁灭。

| **延伸阅读** |

自体和自我的区别

我们来了解一下，自体和自我之间的区别，也就是"self"和"ego"的区别。

以前，我们往往会把"self"和"ego"都翻译成"自我"，但是后来发现，两者之间有很多不同的地方。

"ego"，我们现在保留了"自我"的翻译，它是自我、本我、超我人格结构中的一部分。"self"，我们现在翻译为"自体"，指的是整个人。我们可以较真地认为，所谓"ego"，只不过是"self"的三分之一而已，因为至少在心理地貌学的框架里，"self"包括"ego""superego""id"，也就是自我、超我和本我。

自体客体到底是什么

自体心理学中，还有一个重要概念"自体客体"，它又是什么？

自体的英文是"self"，客体的英文是"object"。自体和客体，实际上是相对的：自体是自己，客体是别人。

开始的时候，科胡特在"self"和"object"之间加了一条短横线，"self-object"表示是由两个完全不同的英文单词组成的一个词语。也就是说，自体客体是由两个完全相对的事物组成的一个新词汇。后来，科胡特干脆把这条短横线去掉了，用全新的英文词汇"selfobject"来表示自体客体。

在中文里，实际上也有不少由两个意思相反的字组成的词汇。比如，前后、上下、水火、东西、进退、大小等。自体客体也是这样极具创造性的词汇。

自体客体，首先来说是一个客体，但这个客体对自体而言非常特殊，即我的别人。自体客体的精确定义是，别人被我体验为我自己的一部分，并且能为我发挥某些重要的心理功能。对自体来说，自体客体不是分离和独立的，它是功能性的客体，是被自体运用的一个工具，最后被自体内化，成为自体的延伸和一部分，因而这个客体被称为自体客体。

这也许是我自己夸大的一个自恋的例子。我的一些学生给来访者做治疗，有时候他们会想：遇到这样一件麻烦的事情，如果是曾老师在这儿坐着，面对这样一个病人，他会怎么做？他们这样想了之后，真的也照想的做了，并且效果还可以。这个过程，就是学生把一个他们理想化了的我，作为他们的自体客体，并且对他们从事心理治疗的工作发挥了重要的作用。

我们如果在生活中见到一个崇拜的偶像，有可能在接下来

的几周，或者几个月，甚至更长的时间里，都觉得自己像打了
鸡血或被这个偶像附体一样，能把很多事情做得比以前更漂亮。
产生这样的作用，部分原因在于我们有能力把一些偶像式的人
物变成自体的一部分。

何谓自恋

自恋的由来

自恋，是弗洛伊德提出来的，它的英文是"narcissism"。
它源于一个凄美的古希腊神话：美少年纳喀索斯（Narkissos）
在水中看到了自己的倒影，不知那是自己便爱上了，每天茶饭
不思，有一天他赴水求欢溺水而死，变成了一朵花，后人称之
为水仙花（narcissus）。

当然，在这个神话里，"narcissus"还不涉及自恋的意义，
只有水仙花的意思。自从弗洛伊德用这个故事来说明他发现的
一种心理的现象"一个人爱上自己"之后，这个词语便开始具
有新的意义——自恋，并衍生出了"narcissism"这个词语。

自恋，是我们根据弗洛伊德所说的意思制造出来的新词语，
在这之前，古汉语里没有"自恋"这个词，或者说中国传统的
语汇里没有这个词。我发现，我们中国人非常在乎且在日常生
活中频繁使用的，跟自恋相对应的一个词语，就是"面子"。

面子这个词语往往只有中国人用。如果我们把自恋和面子对应起来就会发现，面子实际上包含了精神分析中所说的自恋的全部内涵和外延。

谁都可能自恋

弗洛伊德是一个博览群书的人，经常会引用其他学科的知识来补充精神分析的理论。

纳喀索斯的神话传说非常精彩，是这样的：

在一个山谷里，住着一位美丽的少女，她的名字叫回声。她很喜欢聊天，但不幸的是，她受到了神的诅咒，说不出一句完整的话。她跟别人聊天的时候，只能简单重复别人说的话的最后几个字。

在这个山谷里还居住着一位英俊的少年，他的名字叫纳喀索斯。他是如此迷人，以至于每个看见他的少女，都会在第一秒内爱上他。但是纳喀索斯不爱其他任何人，他拒绝了所有倾慕者。

有一天，纳喀索斯和朋友们在山谷里漫步，他看见一朵花，于是停下脚步去摘那朵花。当他回过神后发现，朋友们已经消失在视野中，于是他去追他们。他走过一棵树的时候，回声恰好在树下休息，回声立即爱上了纳喀索斯，但是纳喀索斯只爱自己。

纳喀索斯接着去找自己的朋友，他一边找一边问："有谁在这里？"回声只能简单地说："这里。"纳喀索斯又问："你在哪里，你过来！"回声也只能说："过来。"纳喀索斯见附近没有任何人，而且他每一次询问，得到的每一次回复都是他自己的话的最后几个字，于是问："你为什么躲避我？"回声又回答道："躲避我？"回声决定抓住跟纳喀索斯在一起的机会，从林子里跑出来紧紧地抱着纳喀索斯，但是纳喀索斯冷漠地拒绝了回声，转身奔向森林深处。

纳喀索斯无理的拒绝，极大地伤害了回声。回声就向神祈祷说：希望纳喀索斯以后只能爱上纳喀索斯自己，而不可能爱上别的人。她的祈祷感动了神。于是，惩罚之神答应了她的要求。

有一天，纳喀索斯感到口渴，到湖边喝水，当他低下头的时候，发现了自己的倒影。但是他不知道这是自己的倒影，他爱上了水中的影子，茶饭不思，最后憔悴而死。死后，他变成了湖边的水仙花。

有人为这个故事编了一个续集：

纳喀索斯死后，有风从湖面上吹过。风听见了湖水的哭声，问湖水："湖水啊，你为什么哭呢，是不是纳喀索斯死了你很伤心？"湖水说："不是的，纳喀索斯死了我一点都不伤心，我伤心的是，从此以后，我不能在纳喀索斯的瞳孔中看见我自己美丽的倒影了。"

意思是，谁都可能自恋。纳喀索斯爱上了湖水中自己的影子，而湖水呢，爱上了纳喀索斯瞳孔中自己的倒影。

自恋，源于力比多投向自身

弗洛伊德当年运用"narcissus"这个词语，主要是描述力比多的投注方向。也就是说，如果一个人的力比多能够正常地向原始客体（一般来说是母亲）投注的话，那么他在以后的生活中就能顺利地爱上其他女人。

但是，如果一个人的力比多向原始客体的投注受到阻碍，他的力比多可能首先投注到母亲的替代物上，比如长头发、高跟鞋、女士内衣等。恋物癖就是这样形成的。如果这个人更倒霉一点，他的力比多既不可能投注到母亲身上，又不可能投注到母亲的替代物上，就可能撤回到自身——这就是自恋产生的原因。

而且，弗洛伊德认为，力比多的总量是有限的。如果一个人的力比多过多地投注到内部，那么朝向外部的力比多的投注就会减少，这样的人就会显得非常孤独和抑郁。

当一个人的力比多和攻击性过多地指向自身的时候，甚至到了恶性的程度，这个人很可能会自杀。换句话说，自恋的最高境界就是把自己玩死，玩到自杀的程度。

负性自恋：自卑可能也是一种自恋

有一种另类的自恋，本质是自恋，但是表现跟自恋完全不一样。比如我最近碰到一个来访者，他对我说，他现在活着的痛苦就是全世界没有人喜欢他。我心想，这跟有的人说全世界每一个人都喜欢他是一模一样的，本质都是自恋。因为一个人活在这个世界上，要全世界的人都不喜欢自己，它的难易程度跟让全世界的人都喜欢自己差不多。这是一种负性的夸大。

我们做精神分析的经常只看绝对值。比如，一个人说自己有多么厉害，另一个人贬低自己有多么糟糕，如果两者的绝对值一样，那么他们的自恋程度就是一样的。

自恋现象背后，实际上包含两种完全相反的心理：一种是自大，另一种是自卑。所以，如果我们以后碰到一个总说自己如何自卑的人，不妨对他说"你这不过是另一种自恋而已"。我相信，这样做可以帮到他。

当然，从心理动力学的角度来说，自卑实际上是一种没有描述完整的动力学呈现。如果把自卑呈现为描述完整的动力学状况，应该这样说：你如果说自己是一个自卑的人，只不过是说，你是一个喜欢自我攻击、喜欢跟自己玩的人而已。

我相信，一个人对自己的自卑理解到这样的程度，他的自卑感会大幅度地降低。也就是说，他可能会有更多的力比多和攻击性向外投注，而不是向内投注。

你的自恋健康吗

健康自恋和病理性自恋

不过，现代精神分析不太在乎力比多投注的数量，更在乎投注的品质——一个人的自恋的健康程度，在于他本来的自我和理想的自我是冲突的还是和谐的。

如果一个人的理想的自我和本来的自我是冲突的，那么他的自恋就可能是不健康的，或者是恶性的，或者是糟糕的，或者是低自尊的。如果他理想的自我和本来的自我是和谐的、一致的，那么他的自恋就是健康的自恋、和谐的自恋，他就不太可能处在非常孤独和抑郁的状况中。

可见，自恋不完全是一个贬义词，自恋也有健康的，而且健康自恋是被社会允许的。如果我们遇到一个健康自恋的人，他给人的感觉可能就不是反感，反而是喜欢。

科胡特也建立了区分健康自恋和病理性自恋的标准。

健康自恋，是指一个人能够发展自己的能力，并且能够通过自己的能力满足自己的需要。也就是说，一个人的能力配得上他的自恋，他就是健康的。

病理性自恋，是指一个人的自体是吹大的，通过自吹自擂或者幻想把自己塑造得非常强大，而实际上他没有那么厉害，没有那么强大。所以，一个人在能力不能满足他的需要的时候，他就会变得抑郁。

这样的自恋，或者说吹嘘起来的自体，经不起风吹雨打。我们听到过很多很自恋的话，比如网上有人说，每一次我照镜子的时候，我想跪下来给镜子里的那个人磕几个头，因为那个人的确太厉害了。还有人说，如果这个世界被我统治了，这个世界就被拯救了。这些话吹嘘到了极致，是非常明显的自恋。

你的自恋健康吗

再简单说一说我对自恋的深层理解。一个人做事情做得很漂亮，于是就产生了一种比较高的自我价值感，这就是自恋。这样的自恋同时也是一种认为自己值得珍惜、值得被保护的真实感觉。

如果我们的自恋像上述所说那样是健康的，就是被社会允许的。还有所谓的集体自恋，比如，我们中国人总说，我们有几千年没有中断的灿烂文化，我们地大物博，这些都可以让人有一种作为中国人的强烈自恋的感觉，可以增加国家和民族的凝聚力，这就是健康的自恋。

但是如果我们自恋到认为只有我们是好的，而别人是不好的，这就是不健康的自恋，或者说是非常虚弱的自恋。就像在纳粹统治时期，纳粹党人认为，只有日耳曼民族是最高贵的民族，其他民族都应该从这个地球上消失，这就是一种被夸大了的病理性自恋。

大家不妨想一想，自己的自恋健康吗？

用移情治疗自恋

所谓的神经症就是内心有冲突。我们是从冲突的角度来理解神经症，与精神科所说的神经症类型的症状不一样。

按照弗洛伊德的理论，经典精神分析的临床治疗是这样做的：把一个人的神经症（内心冲突）转变成移情性神经症（让来访者跟他的治疗师建立关系，来访者把他的内心冲突变成他跟治疗师的关系的冲突），然后再治疗移情性神经症。

可见，来访者通过对治疗师的移情，把他内心自己跟自己的冲突，转变成他跟治疗师之间的人际冲突；然后治疗师通过治疗来访者的人际冲突直接或间接解决他的内心冲突。这就是弗洛伊德建立的精神分析治疗的一个模型。

从中我们可以看出，如果一个人不具备移情的能力，或者说不具备把他的内心冲突转换成人际冲突的能力的话，那么他就不可以被精神分析治疗。所以，在经典精神分析的框架里，或者在弗洛伊德看来，不具备移情能力的人，是不可以被精神分析治疗的。而自恋的人，他们往往不具备移情的能力。也就是说，自恋不可以被经典精神分析治疗。但是，科胡特认为，自恋的病人同样也有移情的能力，只不过他们移情的对象是自己，把自己作为了客体，即所谓的自体客体。

科胡特通过创建自体心理学理论，扩大了精神分析治疗的疾病谱。也就是说，自恋这种被经典精神分析认为不可以被治疗的疾病，变得可以被治疗了。

小结

- 自体是什么？这可能是一个人自我认识的一个永恒的局限。当我们自己既是探索者，又是被探索的对象的时候，我们经常是一头雾水，不知道到底是谁在探索，谁在被探索，被探索的对象到底有什么样的属性。我们所做的所有努力，可能只能逼近或者说无限地逼近自体到底是什么的真相，而不可能完全了解它的真相。

- 自体心理学的核心是精神分析，但在如何看待来访者与治疗师的关系方面，自体心理学和精神分析有着根本性

的不同。在精神分析理论中，精神分析师需要与来访者
保持情感距离，以便客观地分析从来访者那里接收到的
信息。而在自体心理学中，治疗师使用共情获得来访者
的信任。一旦来访者信任了治疗师，就会更多地说话，
从而使治疗师收集到更多更准确的信息，进而做出更精
确的解析。

自恋型人格障碍（1）

曾氏语录：

· 正常的心理生活发展的特征是自体与自体客体之间关系的本质变化，而
不是自体抛弃自体客体的过程。我们不能用爱之客体取代自体客体或从
自恋过渡到客体爱等观点来理解此进展过程。

自恋的疾病类型

在科胡特的疾病分类学里，自恋的精神病病理学主要包括
以下四种疾病类型：自恋型人格障碍、自恋型病理状态、融合
饥渴型人格、逃避接触型人格。这四种类型分别从人格层面、
行为层面、关系的融合层面、关系的逃避层面，对自恋做了
归类。

自恋型人格障碍

这是深度的障碍，问题已经体现在人格结构层面。它的主要临床表现是：抑郁，对微不足道的事情过度敏感，有疑病的抱怨，缺乏生活风趣。

（1）抑郁。

有不少人曾经得过抑郁症，或是正患抑郁症。自体心理学对抑郁的解释是：力比多或攻击性过多地指向自己，过少地指向外界或者他人。简单来说，自己跟自己玩多了，必然会抑郁。治疗抑郁症最简单的办法，就是把力比多和攻击性投注到客体关系中，这样就没有了抑郁的动力。

（2）对微不足道的事情过度敏感。

有些人，只要外面有一点点风吹草动，他们内心就会掀起滔天巨浪。可以看出，这种人的情绪状况，容易因外界的一些小事情产生巨大的变化。

（3）有疑病的抱怨。

这些人总是怀疑自己得了某种不可治愈的疾病。我们经常遇到这样的情况：有的来访者说自己得了一种现代的、任何高科技设备都不可能检测出来的疾病。可以说，这是用一种特殊的方式在"吹牛"。

（4）缺乏生活风趣。

这类人在生活中，有可能压抑了自我愉悦或者愉悦他人的爱好。他们主要是以利用别人为前提，或者以交往为条件，缺少非功利的在人际关系中获得纯粹快乐的愿望。

自恋型病理状态

以行为障碍为特征的自恋型病理状态的主要临床表现是：性倒错、反社会、有成瘾行为。很多这样的病人，他们没有生活在正常的社会中，他们生活在监狱里。

融合饥渴型人格

它的主要临床表现是：倾向于跟他人共生。不仅要满足人际关系中高度融合的关系，而且要求他人处在一种招之即来、挥之即去的状态。

逃避接触型人格

它的主要临床表现是：逃避和自我隔离。这样的人非常需要亲密关系，但是在亲密关系中，如果受了一点点伤害，他们就会以完全逃避和自我隔离的方式，避免在亲密关系中可能遇到的危险。

自恋型人格障碍的诊断标准

自恋型人格障碍的诊断有三个标准。

夸大自我

自我的能力没有那么大，但是被自己想象得很大。另外，这种夸大同时也包括对自己的缺陷、毛病或者疾病的夸大。总之，不仅仅是朝非常好的方面夸大，也包括朝非常糟糕的方面夸大。这是第一个有诊断价值的自恋型人格障碍的诊断表现。

唯我独尊

有的人，在他发现自己不是沙滩上唯一的鹅卵石时，他的自恋就已经受到了伤害。有很多来访者进了我的咨询室后对我说，他们刚刚看到另一个来访者从我的咨询室出去，这让他们觉得很不爽。因为这对他们来说，"曾医生有很多的来访者，而我作为来访者，只有你唯一的一个治疗师"，这极大地打击了他们的自恋。

有的女性很怕撞衫。比如，一个人穿了一件她自己认为很合适、很时髦的衣服出门，然后迎面走来一个跟她穿一模一样款式、颜色和牌子的衣服的人，可能会让她觉得自恋受损，因为她不是这个世界上唯一拥有这件漂亮衣服的女人。

如果一个人的感觉是唯我不尊，那么和唯我独尊一样，也属于这一诊断特征，因为这种感觉也是认为自己是唯一的。

有些人会认为自己的处境或经历是全世界最糟糕的。我曾经碰到过一个20多岁的男性来访者，我们初次见面时他就告诉我，他得了一种这个世界上任何人都没有得过的疾病，但是他不想告诉我是什么病，因为这可能关系到羞耻感。

经过十几次的咨询，我才真正知道他的问题。当然，在他告诉我之后，我作为医生知道，这个世界上有很多人跟他患有同样的疾病。在他知道这个世界上有很多人得了跟他一样的疾病之后，他觉得他的自尊受到了伤害。这是诊断自恋型人格障碍的核心表现。

对赞美成瘾

有的人在人际关系中随时都需要别人的赞美。如果没有人赞美他，他可能隔几分钟就把自己吹嘘一顿。如果没有这样的赞美，他可能就活不下去。这样的人对赞美的需要，就像正常人对空气的需要一样。

但是，这样的人意识和潜意识中可能都知道，他们在人际关系中绝不可能分分钟都获得赞美，可能有时候还会被批评。正因为对这种持续赞美的供给有点信心不足，他们可能会让自己远离人群，这样虽然不会得到赞美，但至少可以避免别人的批评。

自恋程度过高的表现

满足夸大自我、唯我独尊、对赞美成瘾这三个特征，就可以诊断为自恋型人格障碍。如果还有以下的特征，就表示自恋程度过高，或者说病得比较重。

对权力或无限成功的潜意识幻想

很多孩子从小就胸怀大志，比如要当一个国家的总统，或者要得诺贝尔奖，这些会被社会或家庭极大地鼓励。但是我个人觉得，我们在鼓励孩子雄心壮志的同时，也需要对孩子这样的幻想保持警觉。因为对远大理想的幻想有可能对应着孩子的低价值感。

可以这样说，你幻想当的官越大，表示你可能对周围环境的控制感越弱；你幻想的荣誉越大，表示你内心或者潜意识层面对应的屈辱感、虚无感或者虚弱感越强烈。

如果我们没有理解这些孩子对无限成功的幻想背后的意义，过多地鼓励他们这样，可能会忽略背后隐藏的糟糕的东西，可能会为以后埋下定时炸弹。比如，在一个人不能获得那么大的成功时，他可能就转而抑郁。

这个世界上的男男女女，每天都在努力奋斗，表面上是想获得更多的金钱、更高的地位、更多的荣誉，但是从本质上来说，都是为了满足两个愿望。这两个愿望我们有时候可以意识到，有时候意识不到。

第一个愿望是，我要通过我的努力让自己变得如此特殊，以至于我可以犯错误，但是不受惩罚。这一点的终极目标，就像"当皇帝"。你当了皇帝，犯了错误没人敢惩罚你。如果你犯了天大的错误，大不了就发布一个"罪己诏"，这件事情可能就过去了。你只会在他人犯了错误之后，作为惩罚者来惩罚他们。这是权力到了顶峰的象征。

第二个愿望是，让我如此特殊，以至于特殊到长生不死。这就是为什么那些获得了顶级权力，比如当了皇帝的人，他们要服药、炼丹，或者派人到海上、深山里去找让人长生不老的仙药。

如果一个人能够觉察到自己最终要满足这两个终极理想，这可能会使他在人格上获得一些解放，不会被这样虚幻的理想奴役。

特别是第二个愿望，你为第二个愿望做得越多，那么浪费的生命，浪费的时间就越多。

被批评时的巨大情绪反应

我们可以想象，一个人受到轻微的批评，就会产生巨大的情绪反应。比如，你对他批评的程度是 1、2 分，但是他的反应程度可能达到 8、9 分。这会让你觉得，你好像没做什么，他就已经处于非常愤怒的状态。

你可能的确没做什么，但是因为他的自恋，或者说他持续处在力比多和攻击性指向他自身的状态中，所以你 1、2 分的攻击，只不过是激活了他本身就有的 8、9 分的攻击，然后使他处在超级愤怒的状态中。

见诸行动的行为

一般神经症水平的人，可能发发牢骚，自己的内心就平衡了。但是，对严重的自恋型人格障碍的病人来说，发发牢骚是不可能使他获得内心平衡的，他往往需要通过行动，通过攻击社会，甚至杀人放火才能平息内心的怒火。

自恋型人格障碍的治疗

治疗效果取决于咨访双方匹配的关系

《精神疾病诊断与统计手册·第四版》（DSM-IV）中提到，自恋型人格障碍的基本特征是 ——持续性地夸大；过度敏感；缺乏共情能力；自我夸大感；认为自己的问题是唯一，且只能被特定的人了解。

关于"认为自己的问题是唯一，且只能被特定的人了解"

这一点，我在临床工作中印象非常深刻。比如，有些人用各种复杂的方式找到我，然后对我说，"你是这个世界上唯一能够治疗我的疾病的人"。我反移情的感觉就是，我觉得自己非常了不起。

但是我知道，这种感觉是他们传递给我的。也就是说，他们把自己看得如此唯一，以至于能够治疗他们疾病的人，在几十亿人口中也只有某一个人，这是典型的自恋的需要。

不过，在心理治疗领域里，真的没有某一个人的水平会绝对地高。一个人得了病，如果仅仅是按照某一个治疗师的名气去找对方，他有可能会非常失望。因为治疗师的名气、社会地位或者声誉，跟来访者与治疗师是否匹配无关。也就是说，没那么多光环的治疗师，有可能与你更匹配，而有很多光环的治疗师，也许从关系角度来说不一定匹配你。真正能起到治疗作用的，是来访者与治疗师匹配的关系。

此外还有一个实证研究：从业20多年的老医生和从业只有三五年的年轻医生，谁的治疗效果更好？结果发现，他们的治疗效果是差不多的。为什么会这样？

分析得出的结论是，老医生的确见多识广，使用技术非常熟练，但是他们因为长时间在这个领域工作，已经丧失了热情；而刚刚进入这个领域三五年的年轻医生，他们技术的应用可能不是太娴熟，但是他们工作热情很高，这可以部分地弥补他们经验和技术的不足。

高手反而学派特征淡

有一个有趣的研究结果，同一学派高手和低手之间的差距，以及不同学派高手之间的差距，结果也令人惊讶——不同学派高手之间的差距，要小于同一个学派高手和低手之间的差距。

可以看出，对一个"老师傅"来说，他是什么学派真的不太重要，重要的是他能根据不同来访者的状况，不断地调整自己治疗的技术。

这个研究如果用更通俗的话来表达就是：刚进入心理咨询行业，你可能会被某一个学派强烈影响，并且具有这个学派治疗师的明显特征；在这个领域待的时间长了，你的学派特征就会越来越淡，甚至消失。

新手不讲套路也是问题

当然，你进入心理治疗领域初期，如果没有受过某一个学派的深入训练，没有太明显的学派特征，可能也是一个很大的问题。

我最近做了一个案例督导，一个治疗师报告了 50 分钟的案例，我都没有发现他使用某个取向的理论，他完全靠自己在哲学、文学，或者是日常生活中的经验给别人做治疗。

我觉得，在现代社会，这样给别人做治疗，应该既不会被法律法规允许，也不会被我们专业领域的规则允许。所以，每个人在进入这个领域的时候，一开始都应该有明确的学派取向。至于你在这个领域里的时间长了，开始具有个人的治疗特征，就是另一回事了。

小结

自恋型精神病病理学的四个疾病类型：

（1）人格层面为特征的自恋型人格障碍。

（2）行为障碍为特征的自恋型病理状态。

（3）融合饥渴型人格。

（4）逃避接触型人格。

自恋型人格障碍诊断的三个标准：

（1）夸大自我。

（2）唯我独尊。

（3）对赞美成瘾。

自恋型人格障碍（2）

曾氏语录：
· 孩子因父母的情绪反应而改变自己的内在情绪体验。
· 真正起作用的可能不全是那些诠释的内容，而是诠释内容时的气氛和治疗师的方式。

自恋型人格的情感基础：羞耻感和屈辱感

巨大的愤怒多源于羞辱

可以说，这个世界上最糟糕的暴力事件，就是针对孩子的暴力事件。

在美国某个州的一所小学里，有 28 个人被闯入校园的暴徒枪杀，其中有 20 个是 5 ~ 10 岁的孩子。当时的美国总统奥巴马说他的心都碎了。我们国家也发生过暴徒闯入校园杀伤孩子的事件。我相信很多父母看到这样的新闻，同样也很心碎。

我猜测，这些暴徒在生活中，在原始客体关系中，一定受到过很多攻击、羞辱、打压，以至于这些东西在剂量上积累到如此程度，让他们觉得要杀死几十个无辜的人，才能平息内心对他人和对社会的仇恨。

当然，他们应该受到法律的制裁，这是犯罪。但是，每当看到这样的消息，我还是不自觉地想到，存在主义哲学家克尔凯郭尔那个永恒的疑问：人啊，你到底是有罪，还是有病？

这些人当然是有罪的，但是我们不妨暂时抛开对罪恶的仇恨，进入他们的内心看看，他们为什么可以对自己的同类如此残忍？我们可能会发现一些让我们同样心碎的因果联系。

羞耻感和屈辱感

自恋程度严重的标准之一就是经常有比较重的羞耻和屈辱的感受。我相信生活中有很多这样的人。不过，如果一个人有羞耻和屈辱的感受，往往会比完全没有羞耻和屈辱感受的人要健康得多。这表示，这个人的人格发展已经到了比较高级的水平。但是，如果一个人有太多跟现实不协调的羞耻和屈辱的感受，可能会让他这辈子过得不太好。

在我的课堂中，曾有个学员问我："曾医生，你的普通话明显带有湖北口音，这对你治疗来访者有没有什么不利的影响？"

我想了想说："可能会有不利的影响，比如有些话我可能需要重复一下，才能让来访者听懂。同时，可能也会有一点好处，就是我的这一缺点，在我跟来访者的关系中呈现出来，我没有因为这个缺点感到过度的羞耻和屈辱。这可以让来访者产生认同，既然他的治疗师可以带着这样的缺点好好活着，那么他同样也可以带着某个缺点好好地活着。"

是的，我的普通话不标准是一个毛病，如果以后有机会，我可能会向我的播音员朋友们学习怎样把普通话说得更好一些，让更多的人更容易理解。当然，如果这个毛病一直改不掉，我发誓我不会利用它来增加自己的羞耻感和屈辱感。

没有羞耻感和屈辱感的人不能被心理治疗

一个完全没有羞耻感和屈辱感的人，在生活中可能会做出非常糟糕的事情，且没有丝毫自责和内疚。而且，这种人有严重的超我缺陷，是不能被心理治疗的。

《心灵的面具：101 种心理防御》的作者杰瑞姆·布莱克曼（Jerome S. Blackman）说，他研究了 3000 个对儿童实施虐待的犯罪分子，发现他们中只有两个人有羞耻感、屈辱感和内疚感，所以只有这两个人是可以被心理治疗的，而其他的 2998 个人是不能被心理治疗的。

那么，这样的人生活在我们中间，是不是严重威胁到我们的安全？我想，也没必要过多夸大这样的事实，因为我们活在这个世界上，本身就要承受一些不安全的因素。一个健康的人是能忍受这些难以避免的不安全感的。

自恋型人格障碍的特点

与人交往只为利用

跟他人打交道，不是为了享受非功利的、与他人在一起的愉快，而是想着怎样利用他人来处理自己现实生活中的事情。

比如，认识一个交警，就想着可以让自己在违规之后不受惩罚；认识一个医生，就想着可以方便看病，让自己变得更加健康；等等。可以看出，这样的人也许在开始的时候，能够用热情或社交能力来掩盖他们的功利性需要，但是时间长了之后，总会被别人看透，最后让自己处于孤独、无助之中。

缺乏同情心

患有自恋型人格障碍的人，往往缺乏同情心。他们看见别人受苦受难，一般没有丝毫的怜悯之心，或者悲悯之心。这样的人，就算是拔一毛而利天下的事情，都不会干。

过度羡慕或嫉妒

患有自恋型人格障碍的人，可能会无视自己幸福的生活，因为他们的目光总是在关注别人在过什么样的好日子。现在我们经常挂在嘴边的对某某羡慕嫉妒恨，看起来是在攻击他人，实际上本质还是自恋。

对人或事情过度理想化

患有自恋型人格障碍的人，会有对某个人或某件事情过度理想化的偏见感受。他们会自动把一个人高度理想化，并且通过跟这个人接近，使自己遗忘因为自己不完美所导致的屈辱感。

我的一个学生，曾咬牙切齿地攻击我说："曾老师，你并不完美。"我听了这样的攻击，内心有非常细腻的情感变化。

首先，我有羞辱感。

我和每个人一样，在日常生活中，不是在那种精神分析式的自我分析状态中，可能会不知不觉地回避或否认自己不完美的地方，就好像自己很完美一样。但是这个学生突然说我并不完美，让我自动地联想到我很多不完美的地方。与此同时，会产生相应的羞耻感和屈辱感。

接着，我的情绪继续演变，我开始感到一点愤怒。

"曾老师，你并不完美"这句话，放在任何人身上，都可能是合适的。我们都知道，这个世界上没有一个人是完美的。比如，把"曾老师"换成"王老师""张老师""李老师""蔡老师"等，这句话都说得过去。我愤怒的原因就在于，既然这句话用在所有人身上都是合适的，你为什么一定要跟我过不去，要用在我的身上呢？

然后，我的情绪继续发生变化，我变得有一点点高兴，甚至是自恋被满足。

如果我离完美相差十万八千里，你可能就不会在潜意识里拿我跟完美的标准做比较，来证明我不完美，然后攻击我。你一定是觉得，你眼前的这个曾老师离完美差得不是太远，但是比较之后又差一点，这是对你的理想化和自恋的打击，所以你感到愤怒，便咬牙切齿地攻击我。

再说一遍，因为我离完美比较近，所以你才用这种方式来攻击我。而你用这种方式攻击我，实际上是在满足我的自恋。

当然，需要声明一下，你认为我离完美比较近的想法，本身就是对我过度理想化。从精神分析角度来说，你把我理想化，实际上是为了攻击我做准备的。

这也就是为什么在生活中，或是其他场所，包括在心理治疗过程中，如果一个朋友或一个来访者，把我想得太好的话，我会本能地对这个人表示警惕。因为我知道，我永远都没法满足他内心那个完美的要求。如果我不能满足他，而又离他太近，就可能会使他的自恋受挫。

自恋型人格障碍在咨询关系中的表现

把治疗师想象得完美无缺

在咨询关系中，一个来访者把他的治疗师想象得完美无缺，实际上也是为了满足自恋的要求。比如，一个很有成就的来访者与一个非常有成就的治疗师关系非常好，这个来访者把他的治疗师想象得完美无缺。但是有一天，这个来访者看见治疗师竟然吃5块钱的盒饭，他的自恋受到了严重的打击。

因为在他自恋性的幻想中，一个配得上给他做心理治疗的治疗师，不应该吃5块钱的盒饭，而应该吃像牛排大餐，或者其他昂贵的、罕见的东西，这样才能满足这个来访者那唯一的、夸大的感受。

有的人以吃昂贵的大餐为荣，实际上是在满足自恋的需要。价格高的东西，不是随便什么人都能吃得上的，这使得有些人借助吃昂贵的东西，来填补他们内心自卑的空洞，来满足他们低自尊的缺憾，或者说满足他们自恋的需要。当一个人明白吃昂贵的东西只不过是满足自己的自尊时，可能就不会这样做了。

当然，还有很多满足自恋的生活方式。比如，在商店里定做一件产品，上面有自己姓名的拼音缩写，买某件限量版的东西，实际上都是在设法满足一个人唯我独尊的自恋感。

从这个角度来说，给经商的朋友一个建议，你如果总是能够生产出可以满足一个人独特的自恋需要的产品，就可以赚很多钱。反过来，这也可以满足你自己的自恋需要。

要求治疗师即刻反应

在治疗自恋型人格障碍的来访者时，经常出现的一个场景就是来访者把治疗师体验为他自己的延伸。典型的反应就是，来访者要求治疗师即刻反应。比如，要求治疗师承认自己的特殊性。

我的一个来访者，辗转找到我，他给我的压力是，要我同意他的这样一种感觉——这个世界上只有我能够治疗他。如果我对他说，其实很多治疗师可以治疗你，很多治疗师都比我强，可能就会使得他不舒服。因为他会觉得我拒绝了他。

可以看出，如果我照实回答的话，这个来访者会不舒服，同时我也会处于一个尴尬的境地；如果我保持沉默不回答，这个来访者可能会变得非常粗鲁和暴躁。也就是，我怎么回答在他看来都是不对的。他的这种状况类似于婴儿，他没办法利用别人的反馈来增加自己对自己的了解。

| 延伸阅读 |

成人情绪是婴儿情绪的放大版

成人的很多行为，都可以在婴儿身上观察到，没有什么东西是成人独有的。不过，你只有在对人的发展有了连贯的整体认识之后，才能发现成人的很多行为都是来自婴儿。

比如，成人的某些感受。有些成人在亲密关系破裂之后，可能有那种撕心裂肺的痛，这种痛实际上并不是一个成人能体会到的，而是婴儿被抛弃之后，那种活不下去的感受在成人身上的残留。

概括来讲就是，一个成人在这个世界上活着，只要记住两点就可以了。

第一点，我已经不是婴儿，不需要任何人帮助，我一个人就可以好好地活下去。而婴儿不可以，如果妈妈不给他喂奶，他就活不下去。

第二点，作为一个成人，应该具有让别人帮助自己的能力。在亲密关系中，我们很容易退回到婴儿般的状态，就是向对方投射这样一种感觉——没有你我活不下去。那么，在关系受到威胁的时候，就真的会有痛不欲生的感觉。

比如失恋的痛，我相信很多人都尝过。有些人失恋后，很快就能走出来，因为他们可以很快从恋爱中婴儿般的状态，进入到成人的没有别人也可以活下去的状态。但是，也有很多人失恋后，没法从婴儿般的状态中走出来。恋爱的结束，对他们来说往往意味着生命的结束。他们一失恋就像"死"了一样。

恋爱，是检验人格强度的游戏。

我女儿13岁时，在我跟她谈话的过程中，她也经常提到男生和女生的那些事情，以及男生和男生、女生和女生的那些事情。她这个年龄的人应该慢慢进入"玩恋爱"的时代了。需要强调的是，"玩恋爱"是从这时候开始，人一辈子最重要的游戏之一。

我有时候在想，也许恋爱这种亲密关系的游戏，真的需要强大的人格垫底，只有人格健康的人才能够玩；如果人格不健康的话，可能在这个游戏中玩得要么让别人遍体鳞伤，要么让自己痛不欲生。

小结

- 一个完全没有羞耻感和屈辱感的人，他在生活中可能会做出非常糟糕的事情，且没有丝毫自责和内疚。而且，这种人有严重的超我缺陷，是不能被心理治疗的。
- 从精神分析角度来说，你把我理想化，实际上是为了攻击我做准备的。

第26讲

自体的发展

曾氏语录:

· 功能良好的心理结构,最重要的来源是父母的人格,特别是没有敌意的坚决和不含诱惑的深情去回应孩子驱力需求的能力。

· 治疗师需要在恰到好处的挫折的互动中,作为自体客体深入来访者的自体,从而使来访者的自体获得更好的自体客体功能,或者说自我协同功能。

自体的发展,离不开自体客体

科胡特认为,自恋型人格的病人同样会有移情,只不过是向自体客体移情。自体客体分为三种类型,也就是说,自体有三条发展主线。

镜像的自体客体

镜像的自体客体,指的是父母在跟孩子的关系中,对孩子有正面的反应，让孩子觉得自己是有价值的、完美的、可爱的、有活力的，这种感觉会逐渐变成孩子自己对自己的尊重。

所以你可以认为，自体心理学实际上是在讲自尊感，自己配得上什么，比如配得上活着，配得上拥有某种能力，配得上某种感情，等等。

父母提供的镜像的自体客体，能够满足婴儿的夸大欲望，并支持婴儿关于"你爱我，所以我很完美"的想象。

这让我想到，很多对自己非常苛刻的父母，他们在回应孩子的优点上显得非常吝啬，因为有一句话"骄傲使人退步，谦虚使人进步"，在某种程度上毒害了不少人。实际上，往深处想的话，真的不是这样的，可能是相反的，骄傲使人进步，谦虚才会让一个人越来越猥琐，最后谦虚到骨子里，就是骨子里的猥琐以及虚伪。

不敢夸赞孩子，一直都是我们教育上的毛病。我们来深入地分析一下，当父母赞美孩子的时候，父母内心的活动是什么样的。

我能感觉到的是这样一种状况——我们在承认孩子完美、有能力、有创造力、有活力的时候，可能会觉得我们离孩子有点远，甚至感觉到孩子抛弃了我们。因为孩子既然在能力和人格上都完美，他就可以远走高飞。

而这可能是人格发展不完善的父母非常担心的。所以，人格发展不完善的父母，就要通过攻击孩子的弱点，有时候甚至是莫须有的弱点，来告诉孩子这样的信息——你现在还没有能力远走高飞，你还要在我这里接受很多的批评、训练、折磨，才能变得完美，才能远走高飞。

但是我们知道，这种在父母身边的停留，是对成长的直接对抗，是一种共生的没有分化的表现。最严重的会导致精神分裂症。

父母与孩子的关系，让我想到了庄子说的两条鱼的关系。他说，两条鱼的关系可以是以下两种形式。

一种形式是，两条鱼都在沙滩上搁浅，没有水，在临死之前，它们互相吐泡沫，使各自的生命再延长几分钟。这叫作相濡以沫。这是非常惨烈，也非常温暖、非常感人的一种状况。

另一种形式是，两条鱼重新回到大海，没有死。大海如此广阔，这两条鱼都可以去追求自己的幸福，相忘于江湖，彼此不再联系，但是彼此都知道对方会活得很好。因为这时候有足够的水分，不需要大家互相吐泡沫来维持生命。

在亲密关系中，这真的是两难选择。

在我们跟孩子的关系中，我们如果不断地说孩子有缺点，来固化他的缺点，的确使他不能远走高飞，我们可以和孩子相依为命。但是，每个人都不可能满足于这种状况。特别是在旁观者看来，这本身就是一种疾病，或者说是一种有问题的关系。

虽然我们能从这种有问题的关系中感受到某些好处，但这种关系的整体是有问题的。

其实，我们可以给予孩子好的镜像的回应，让他所有的优点被固化，让他为自己骄傲，有足够的自尊，这样，孩子就有能力、有信心去过他自己的日子，他会持续处在幸福中。当然，他与父母的关系就是"相忘于江湖"。

从这个角度笼统地说，人格健康的父母应该能够承受孩子的远走高飞，能够承受孩子像一条自由的鱼一样，自己去大海的更远处和更深处生活。虽然父母能感觉到孩子对自己的"抛弃"，但他们同时也可以忍受这种被抛弃感。

理想化的自体客体

理想化的自体客体，指的是我们需要自己创造一个理想化的客体，然后借由跟理想化客体的融合，来填补自己内在缺失的部分，获得自体充盈的感觉。

理想化客体，是指把所有好的特质，像卓越、美丽、完美、全能、全知、永不失败、共情、不偏离的爱、无比的信任等投射给另一个人（客体，或者自己）。理想化的本质是，处理自己想要融合或者接近那个会让自己感觉安全、舒适、平静的人的需求。

有时候，我也在幻想一种理想化的状况。比如，我看了王阳明的传记，对这个人很佩服，我就幻想如果能与王阳明一起吃吃饭、喝喝酒，他不用对我做什么，不用做精神分析的治疗，我的人格都可能会得到一定程度的提升。

如果能够将父母理想化，并且能够从这种理想化中摄取力量和舒适的话，孩子就会发展出他自体的方向，获得面对挑战、有实际功利价值的能力。

父母切记，不要拒绝被孩子理想化。

在成长过程中，儿童需要把父母想象得完美无缺。我们可能见过这样的情况：孩子在学校里，在小朋友中"吹"自己的父母如何能干和完美无缺。我女儿也有很多把我理想化的地方，比如在她很小的时候，她对我说，"爸爸，你最大的缺点就是个子太高"。当然，在她18岁的时候，她可能会觉得这句话是一个笑话，但是在那个时候，她的确感觉到自己是在一个形象高大的父亲的呵护下慢慢长大的。这对她形成健康的人格非常重要。

我有一个朋友，他的儿子总在外面说他爸爸是教授，全校师生都知道他爸爸是教授。等长大后他才知道，他爸爸是我们任命的"麻将教授"。这虽然是一件有趣的事情，但当时他爸爸教授的头衔，的确给他提供了很多理想化父亲的滋养，使他可以获得足够健康的人格。

理想化的父母，很可能就是孩子将来长成的样子。

　　如果父母总是在孩子面前吵架甚至打架，或者父母自己在生活上不太自律，或者父母经常打骂孩子，就会让孩子无法把父母理想化，这将对他人格的形成造成巨大的破坏。

　　所有父母都应该记住，在孩子面前我们要足够自律，我们不一定真正完美无缺，但是也不要随意在孩子面前展现我们过于不完美的地方。我们要给孩子将我们理想化的机会。孩子只要能够把我们理想化，他的人格就会在一个健康的框架里慢慢地生长。

　　镜像、理想化，科胡特把这两者的组合看成是一个张力弧。意思是，父母给孩子镜像的自体客体，对他的正面赞扬，对他的完美反馈，实际上相当于一个巨大的推动力。孩子对父母的理想化，或者对他人的理想化，实际上是一个巨大的牵引力。

　　这样一推一拉，就是一个组合，就是和谐的动力系统，可以使我们过上被未来指引的生活，让我们即使遇到较大的挫折，也能顺利地成长。

他我人格

　　他我人格，英语为"alter self"，也有人把它翻译成"孪生的自我"。它的意思是，一个人寻求一种与某个人的关系，这种关系可以发展到他们之间像孪生兄弟姐妹一样，那个人的存在不仅可以确立他自己的价值，而且能够确立他的真实性。

一个健康的人在成长过程中，每一个阶段都可能有一个跟自己像兄弟姐妹一样亲的人。这个人可以在我们发展的某一个阶段，或者说很多阶段，给我们提供真实的存在感以及价值感。这就是"孪生的自体客体"。

所以，我们临床做治疗的时候，经常问一个人，除了配偶、孩子外，有没有什么铁哥们儿、铁姐们儿。从关系的角度来说，友谊提供的支持可能是最无害的。基于血缘关系的一些亲密关系，往往会因为浓度过高，而使深处其中的人容易受到伤害。而友谊不像血缘关系有不可中断的关系基础，因此我们在其中会表现得有节制。这种节制，使我们既能够被滋养，又不会被高浓度的关系伤害，进退自如。

很多人说，他们在自己的原生家庭里，有很多来自亲密关系的伤害，后来他们读了大学，在大学的集体宿舍里跟其他同学发展友谊的关系，这种关系对他们来说，具有比所有心理医生都重要的治疗意义。简单地说，他们在新的友谊关系中，被滋养、被治疗、被修复了。

爱有两种形式

婴儿之爱和客体之爱

婴儿之爱，实际上是自恋的爱。婴儿在跟妈妈的关系中体会到很多爱，但是这种爱有压榨、功利的味道。如果一个人在成年后的亲密关系中，还保留着婴儿般的爱，那么他对他所爱对象的要求就是，你必须满足我的所有需要。如果一个人总是处在这样的状态中，他的亲密关系迟早会被他自己亲自破坏。

客体之爱，跟婴儿之爱不一样。它的特征是，在亲密关系中，我既能接受来自别人的爱，同时也能给别人提供他所需要的爱。这是一种爱的相互给予，或者说，彼此都能从对方那里得到自己所需要的爱。

你需要怎样的爱

每个人需要的爱的级别是不一样的。这跟不同的人需求不同是一样的道理。

举个例子，在一个小组中，其他人都能从小组的互动中，或者小组的领导者身上获得他们需要的支持、温暖以及技术，但是，有一两个人却难以获得他们需要的东西。他们会觉得，小组的成员太具有攻击性，治疗师过度节制或太贫乏，所以他们有很多抱怨、攻击，甚至可能会用最高级别的攻击方式——

离开小组，来报复这个小组的领导者，或者其他小组成员。

我们对这种状态的解释是，对留在小组里，并且感觉到自己有收获、被滋养的人来说，他们的确从这个小组里获得了他们需要的东西。他们需要的是成人能够消化的东西，比如米饭或牛肉干，小组也恰好给他们提供了所需要的米饭和牛肉干。

但是对怨气冲天，甚至最后离开小组的人来说，他们可能需要的是只有他们这种状态才能够消化的人奶或者牛奶。在他们这种婴儿般的需要不可能从这个小组里获得的时候，他们就只能通过离开这个小组，也就是，要么让自己死，要么让小组死的方式见诸行动，对不能提供乳汁的小组或小组成员实施报复。

自恋的表现形式：自大和自卑

自恋有两种表现形式：一种是自大，一种是自卑。有的人会反复比较自大和自豪、自尊之间的区别，我认为它们都是同一个类型，只不过程度不同而已。自卑、自我攻击、自我价值感低，也都是同一个意思的不同表达方式，它们之间只不过在程度上有所差异。

那么，这两种自恋的表现形式是怎样形成的？

自大和自卑的成因：分裂

科胡特用两种分裂描述了自大和自卑两种状况。这里所说的分裂跟精神分裂症的分裂显然不是一回事。精神分裂症的分裂，是指一个人总体的精神部分不协调，主要是指知、情、意三者不协调。而我们这里说的分裂，跟细胞的分裂是差不多的，就是我们每个人的自我需要分成两个部分：一部分是本来的我，另一部分是观察的我，即在旁边评判的我，或者是在旁边陪伴的我。如果一个人分裂不足，就可能导致羞耻感、屈辱感的缺失，形成病理性人格。

（1）水平分裂。

水平分裂，是指本来的自我与其分裂出来的自我在同一条水平线上。因为二者在同一个"楼层"，所以分裂出来的自我，可以打压本来的自我。

这种人表现出来的自恋状态就是非常自卑，甚至猥琐、低价值感。跟这样的人打交道，你会觉得他们挺拔不起来。

（2）垂直分裂。

垂直分裂，是指本来的自我分裂出来的自我高于本来的自我。这样的人与外界打交道的时候，因为他们拔高了自我，所以会给别人一种他们很自大的感觉。而且，因为分裂出来的自我在另一个"楼层"，它与本来的自我不可能"打架"，所以本来的自我不会被打压，而是产生某种向外的自大感觉。

你的自我分裂得怎样

一个人的心理健康程度与他的自我是否分裂得足够好有关系。有时候你看到一个人，他的样子会让你怀疑"难道他真的对自己的所有言行没有丝毫觉察吗"，因为他几乎像一个完全没有觉察的人在活着。

而有的人，你跟他打交道的时候，你会觉得他做什么事情都非常有分寸，他的一举一动、一言一行，都会让别人舒服，都符合规范。这种感觉就像孔夫子所说的随心所欲而不逾矩的状态。

自我的分裂，可能跟一个人的自我意识范围有关系。有的人自我意识范围非常狭窄，比如他在吃饭时可以旁若无人地打电话，完全没有觉察周围还有其他人，他可能会骚扰别人。另外，你可能遇到过这样的情况，排队的时候突然有人直接把你推开，站到你前面，他似乎不知道要遵守起码的社会规则。还有，进电梯或搭乘地铁时，你会发现有人就是不遵守先下后上的规则。好像这样的人智力有问题，但其实这不是智力的问题，而是他们对周围环境和他人的感受没有丝毫觉察。

我们发现，坐电梯别人还没下就要挤进去，排队的时候把别人拉开自己插到前面去，在公共场合旁若无人地说话，甚至抓脚丫、挖鼻孔等行为，实际上都是缘于自我意识范围狭窄。

当一个人能够意识到自己的行为对他人产生什么影响的时

候，他可能就不会这样做。可见，一个人自我意识范围的大小，等同于这个人心理健康的程度。

父母人格健康，孩子自然也会人格健康

没有敌意的坚决和不含诱惑的深情

科胡特说过很多堪称"美丽"的话。我个人觉得他说的最美丽的话是：没有敌意的坚决和不含诱惑的深情。

一个人如果要发展良好的心理功能结构，也就是要具有健康的人格，最重要的来源是父母的人格。那么，父母在什么情况下可以让孩子获得健康的人格呢？在对待孩子的时候，持有的态度是：没有敌意的坚决和不含诱惑的深情。

很多人问过我：曾老师，什么时候给孩子断奶比较好，用什么方式比较好，孩子犯了错误是不是要惩罚，等等。

在回答这些具体问题的时候，我们可能会被置于两难境地，因为所有这些问题我们都没法简单地说到底是好还是坏，应该这样不应该那样。

而科胡特说了一句"Who they are is more important than what they do"——他们是谁比他们怎样做更重要，可以回答上述列举的，以及没有列举的类似问题。

也就是说，父母拥有什么样的人格，比他们在某一件事情

上怎么做更重要。

如果父母人格健康，他们不管怎么做，对孩子可能都有支持的作用，孩子的人格会变得健康。但是，如果父母人格不健康，那么他们即使照着教科书做，孩子也有可能出现问题。

所以，在培养和教育孩子上，我们的注意力不应过多地放在孩子身上，而应放在我们自己身上。在我们变得越来越健康，越来越倾向于完美的时候，孩子自然而然会变得健康和倾向完美。

有一个妈妈问我，孩子到底该不该管，管到什么程度是好的，说自己有点不知所措。同样，我觉得这个问题本身就是陷阱，她没有琢磨清楚自己跟孩子的关系，没有看到关系中最根本的问题。在与孩子的关系中，根本不是管不管的问题，而是爱不爱的问题，爱是最好的管理。或者说，爱是父母能够给孩子的最高品质的教育。

想做好父母，看过来

怎样做"好父母"？实际上，我们只要记住三点就可以了。

（1）设身处地地想孩子所想。

你想对孩子做什么的时候，你先问一问自己，如果我是孩子，在这件事情上，我希望父母怎么做。这是设身处地地为孩子着想。好多事情，如果你想一想"如果我是孩子的时候，我希望父母在这件事情上怎样对我"，可能就变得完全不一样。

（2）询问孩子希望被怎样对待。

我们要学会问孩子，"在这件事情上，你觉得爸爸妈妈应该给你什么帮助，应该做到什么程度"。我相信，孩子对自己的状态是最了解的。我们只要问问孩子就可以明确地知道我们在帮助孩子上的分寸。

（3）明白过多介入等于剥夺孩子生的意义。

很多父母可能基于对人性的不信任，而对孩子管理过多。这真的可以导致孩子在人格上的很多问题。如果用精神分析的术语来说，孩子在使用其自我功能做事情的时候，如果父母的自我功能过多地介入孩子的自我功能中，可能会让孩子感到手足无措，不知道该怎么办。他们甚至会有这样一种感觉：到底是我活着，还是爸爸妈妈在操纵我或代替我活着？这种感觉发展到最严重的程度，会导致这个孩子厌世，觉得活着没意思，甚至可能自杀。

当然，厌世有很多级别，如果没有严重到自杀的程度，可能会以其他相对来说较轻的方式表现出来，比如厌学、厌恶人际交往。

前文提到过的美国校园枪击案，据说凶手不喜欢跟别人交往。我相信，这是他对整个人生厌恶的一部分，而这种厌恶，很可能来自父母对他的干预。

自体心理学的治疗技术：共情

科胡特的自体心理学，治疗的基本技术是共情。在此基础上，发展出了两个具有操作意义的治疗性技术：替代性内省、转换性内化。

替代性内省

替代性内省，意思就是治疗师在跟来访者打交道的过程中，分裂出一部分自我去体察或共情来访者的内心世界，就好像是来访者的一部分一样。

这种状态就是"爱着你的爱，恨着你的恨，悲伤着你的悲伤，成功着你的成功，失败着你的失败"，与一首歌表达的意思很接近，"因为爱着你的爱，因为梦着你的梦，所以悲伤着你的悲伤，幸福着你的幸福。因为路过你的路，因为苦过你的苦，所以快乐着你的快乐，追逐着你的追逐"。

在这种情况下，我们就有可能更好地被来访者当成其自体客体的一部分，帮助他完成某些重要的自我功能。所以，精神分析的自体心理学的主要治疗技术就是共情。

转换性内化

转换性内化，意思就是治疗师作为来访者的自体客体，跟来访者充分共情。治疗师被来访者租借了自我功能，这部分租借的自我功能代替来访者发挥重要的作用，时间长了，就可能成为来访者人格的一部分，并在以后的生活中持续地陪伴他。

我们可以想象，来访者租借了治疗师的这些自我功能，并将它们发展成自己的一部分，这一辈子可能就不会生活在没有接受精神分析治疗之前的痛苦状态中。

| 延伸阅读 |

推荐三本书、两个人

现在给大家推荐科胡特的三本书。科胡特这一辈子也就写了三本书——《自体的分析》《自体的重建》《精神分析治愈之道》。对自体心理学感兴趣的朋友们，我再强烈推荐两个很棒的老师的课程，一个是徐钧老师的课程，另一个是韩岩老师的课程。

小结

· 科胡特认为，自恋型人格的病人也会移情，只不过是向自体客体移情。

· 人格健康的父母的特征是，能够承受孩子的远走高飞，能够承受孩子像一条自由的鱼一样，自己去大海的更远

处和更深处生活。虽然父母能够感觉到孩子对自己的
"抛弃"，但同时他们也能够忍受这种被抛弃感。

· 如果能够将父母理想化，并且能够从这种理想化中摄取
力量和舒适的话，孩子就会发展出他自体的方向，获得
面对挑战、有实际功利价值的能力。

· 替代性内省：治疗师在跟来访者打交道的过程中，分裂
出一部分的自我去体察或共情来访者的内心世界，就有
可能更好地被来访者当成其自体客体的一部分，帮助他
完成某些重要的自我功能。

· 转换性内化：治疗师作为来访者的自体客体，跟来访者
充分共情。治疗师被来访者租借了自我功能，这部分租
借的自我功能代替来访者发挥重要的作用，就可能成为
来访者人格的一部分，并在以后的生活中持续地陪伴他。